본 '우리 한닭 이야기'는 서울대학교 푸드 비즈니스랩, 그리고 랩과 뜻을 같이하는 셰프님들, 재야의 숨은 고수님들이 마음을 모아 만든 토종닭 요리책이자 우리나라 토종닭 입문서입니다. 토종닭이라는 표현은 고루한 면이 없잖아 있는 것이 사실입니다. 그래서 (사)한국토종닭협회에서는 토종닭을 '한닭'이라고 부르자고 이야기하고 있습니다. 그래서 이 책의 제목이 '우리 한닭 이야기'가 되었고, 실은 토종닭에 관한 이야기를 다루고 있습니다.

토종닭이라고 하면 대부분 특정 품종이라고 생각하기 보다는 시골에서 놓아 기른 닭이라고 생각합니다. 하지만 닭에도 엄연히 품종이 존재하고, 대한민국에서 토종닭, 즉 한닭이라고 인정하고 있는 품종은 한협 토종닭, 우리맛 토종닭, 소래 토종닭과 소래 오골계 품종입니다. 이런 토종닭의 가장 큰 특징은 일반 산업화 품종의 닭들에 비하여 오랫동안 천천히 기른다는 점입니다.

본 책에서는 이렇게 오랫동안 천천히 자라는 토종닭을 어떻게 하면 더 맛있게 먹을 수 있을 것인지에 대한 고민과 그 해답, 그리고 그 해답을 찾으러 전 세계를 헤맸던 저희 서울대학교 푸드 비즈니스 랩의 여정과 경험이 함께 담겨있습니다. 맛있는 '우리 한닭 이야기'와 함께 한닭의 여행을 떠나보시지요.

토종닭의 매력에 푹 빠진,
서울대학교 푸드 비즈니스랩
문정훈 교수

* 국립축산 과학원 GSP 종축사업단, 다향, (사)한국토종닭협회를 비롯한 관계자 여러분들께 책 발간에 물심양면 힘을 실어 주심에 큰 감사의 뜻을 전합니다.

2판 1쇄 2020년 7월 7일

지은이 문정훈·서울대 푸드 비즈니스랩

교열 조진숙
요리 사진 그리드 스튜디오
여행 및 토종닭 사진 장준우
토종닭 일러스트 Relish

푸드스타일링 Ugo Style
후원 GSP 종축사업단, 다향, (사)한국토종닭협회
디자인 공간42
인쇄 규장각

펴낸이 장은실(편집장)
펴낸곳 맛있는책방
서울 마포구 창전동 149-1 동원스위트뷰 614호
facebook.com/tastycookbook

ISBN 979-11-969787-5-4
2020 ©맛있는책방 Printed in Korea

문정훈·서울대 푸드 비즈니스랩 지음

토종닭, 제대로 알고 먹어요

우리 韓닭 이야기

그리고 28가지 요리법

맛있는
책방

토종닭 프로젝트를 시작하게 된 배경

프랑스 파리로 가보자. 아무 정육점에나 들어가서 닭 한 마리를 달라고 말하면, 정육점 주인은 무슨 음식을 할 건지 묻는다. 어떤 음식을 요리할 것인가에 따라 사야 하는 닭이 달라진다. 세련되고 까다롭다. 그러나 우리에게 닭은 마리 닭이냐 부분육이냐의 문제 말고는 관심 없다. 솔직히 프라이드 치킨은 꽤 맛있는 음식이다. 한국식 치맥 문화가 전 세계의 관심을 받고 있다고는 하지만 결국 어떤 소스를 입혔는지의 차이일 뿐이다. 우리는 닭을 먹는 것일까, 아니면 튀김옷과 소스를 먹는 것일까?

우리에게도 우리 고유의 닭이 있었다. 수탉의 머리 위에 달려 있는 그 붉은 부위의 이름이 '벼슬(볏의 방언)'이다 보니 양반가 자제의 공부방에는 과거에 급제해 버슬하라는 의미로 당당하게 생긴 수탉이 그려진 민화가 한 점씩 걸려 있기 마련이었다. 당시 민화에 등장하는 닭을 보면 외견상 몇 가지 패턴으로 요약할 수 있는데 일단 깃털이 갈색이나 검은색이 많고 가슴이 길고 얇으며 다리가 길게 쭉 뻗어 있다는 공통점이 있다. 민화 연구에 의해 밝혀진 바에 의하면 이 땅에는 최소 수종 이상의 닭이 살고 있었다. 그런데 지금 우리가 기르고 있는 대부분의 닭은 하얀 깃털과 두터운 가슴살, 그리고 짧은 다리를 가진 닭이다.

조선이 개항하자 일본인들은 서양 닭을 가지고 조선으로 들어왔다. 알을 많이 낳고, 살이 빨리 찌는 생산성이 뛰어난 닭들이었다. 수개월을 넘겨 키워야 1.5kg이 되는 토종닭들에 비해 그 닭들은 두어 달만 키워도 됐기에 우리는 일본인들이 가지고 들어온 닭을 기르기 시작했다. 우리의 닭은 빠르게 사라지기 시작했고 시간이 지나면서 더 효율성이 좋은 닭 품종이 들어왔다.

1960년대에 들어서 코니시 크로스(Cornish Cross)라고 흔히 불리는 교배종이 전 세계를 제패하기 시작했다. 한 달이면 1.5kg이 훌쩍 넘어버리는 폭발적인 성장을 하는 닭이다. 이 하얀 깃털과 두터운 가슴살, 그리고 짧은 다리를 가진 닭은 현대 육종 기술의 집결체다. 육량이 매우 많고 빨리 자라는 유전자를 가진 이 닭은 철저히 경제적 목적에 의해 설계되었고, 빠른 시간에 국내의 모든 닭은 이 품종으로 교체되었다. 현재 국내에서 사육되는 식용 닭의 대부분이 바로 이 코니시 크로스다.

우리는 치킨을 먹을 때마다 닭에 대한 로열티를 해외 종자 회사에 지불한다. 치맥 문화가 성장하면 할수록 이 종자를 보유한 회사는 돈을 벌게 되고, 전 세계의 모든 종자 회사들은 빠르게 자라는 유전자를 확보하기 위해 경쟁하고 있다. 오로지 빠르게 자라는 것에만 관심이 있다. 그래서 이 프로젝트를 시작했다. 우리가 토종닭을 더 많이 소비하는 것이 종자 로

열티를 덜 지불하는 길이다. 그리고 빠르게 자라는 유전자가 아닌 다양한 유전자를 확보하는 길이다. 우리 토종닭 품종들은 대체로 도톰하고 쫄깃한 껍질의 유전자를 갖고 있다. 길고 두꺼운 다리뼈의 유전자는 최고의 육수를 선사하고, 토종닭 품종들이 가지고 있는 단단한 육질의 유전자는 구워 먹을 때 최고의 퍼포먼스를 보여준다. 그리고 우리가 아직 알지 못하는 여러 토종닭 품종들의 미지의 유전자들은 미래의 기후 변화와 이에 수반되는 질병을 이겨낼 수 있도록 진화하기 위한 그 무언가를 품고 있을지 모른다. 이것이 우리가 토종닭에 좀 더 관심을 가져야 할 이유이고 서울대학교 푸드 비즈니스랩이 나서서 토종닭 홍보대사가 되고자 한 이유다.

토종닭이 잘 보존되려면 방법은 하나다. 많이 먹으면 된다. 참으로 역설적이긴 하지만 인간이 안 먹으면 멸종하고 인간이 더 먹으면 더 많이 기르는 것이 축산업의 본질이다. 그리고 인간은 맛있으면 먹는다. 결국 우리는 토종닭의 다양한 유전자를 보존하기 위해 우리 국민들에게 토종닭을 맛있게 먹는 법을 알려야겠다는 결론에 달했다. 그리하여 우리는 이 책을 준비하게 되었고, 이 책을 통해 우리 토종닭을 맛있게 먹는 법을 알리고자 한다.

다시 프랑스로 돌아가 보자. 프랑스의 토종닭 시장은 전체 닭 시장의 3분의 1을 차지한다. 현대적 축산업이 발달한 나라에서 이렇게 토종닭의 비중이 높은 나라는 없다. 이는 프랑스에 다양한 닭의 유전자 풀이 존재한다는 것을 의미한다. 프랑스 농산물 품질 관리법에서 규정하는 토종닭 정의의 핵심은 '지역과의 연계성'과 '천천히 자라야 한다'라는 것이다. 그들은 토종닭이란 천천히 자라는 닭이라고 정의하고 있으며, 반드시 해당 지역의 농산물을 먹고 자라야 한다고 규정하고 있다. 농축산물에 대해 이렇게 멋스러운 정의를 본 적이 있는가.

프랑스의 토종닭 소비 문화를 보았더니 재미있는 사실을 하나 알게 되었다. 그들은 토종닭을 튀겨 먹지 않는다. 프라이드 치킨으로 먹지 않는다는 이야기는 튀기지 않아도 맛있게 먹는 법이 많이 개발되어 있다는 의미다. 요리의 나라 프랑스 아닌가! 우리는 프랑스와 스페

인, 그리고 일본에서 많은 영감을 받았다. 그리고 전라남도 지역의 토종닭 요리 문화에 깜짝 놀랐다. 이 책에서는 우리가 보고 먹으면서 받은 영감을 좀 더 쉽고 간단하게 풀어놓고자 한다. 즐거운 닭 생활이 되시길 기원하며!

Contents

토종닭 프로젝트를 시작하게 된 배경 ·————· **4**
토종닭의 매력 ·————· **12**

토종닭 레시피의 기본

토종닭 손질하기 ·————· **16**
토종닭 백숙 ·————· **18**
토종닭 닭볶음탕 ·————· **22**
닭고기 스테이크 ·————· **26**
치킨 스톡 ·————· **30**

세계의 토종닭을 찾아서

세 계 의 토 종 닭 을 찾 는 위 대 (胃大) 한 여 정 ·————· **34**
요리의 교황이 요리한 닭 중의 닭, 브레스 닭 ·————· **36**
교황의 적자와 브레스 닭의 성지 ·————· **40**
브레스 닭 독립군 ·————· **43**
브레스 닭 간의 압도적인 풍미 ·————· **47**
드롬의 뿔닭과 다양성 ·————· **51**
스페인의 대형 토종닭 피투 데 칼레야 ·————· **54**
빈 캔버스 vs 꽉 찬 캔버스 ·————· **58**
날아오르는 닭 ·————· **60**
닭을 자세하게 먹는 법 ·————· **63**

토종닭 레시피_양식

토종닭 샌드위치 ·———·66
토종닭 룰라드 ·———·67
토종닭 버섯크림 리소토 ·———·68
주빠 디 뽈로 ·———·69
토종닭 까수엘라 ·———·70
닭고기 크림수프 ·———·71

우리나라의 토종닭

한협 토종닭 ·———·72
우리맛 토종닭 ·———·72
소래 토종닭/소래오골계 ·———·73
조아라 농장의 건강하고 특별한 닭 ·———·74

토종닭 레시피_한식

닭묵은지찜 ·———·78
매콤 닭갈비 ·———·79
초계국수 ·———·80
닭가슴살냉채 ·———·80
닭개장 ·———·82

위대偉大한 계鷄발자 팀이 탐사한 세계의 토종닭

프랑스 : 브레스 토종닭 ·————· 84

프랑스 : 드롬 뿔닭 ·————·85

스페인 : 피투 데 칼레야 토종닭 ·————· 86

일본 : 나고야 토종닭 ·————· 87

토종닭 레시피_중식

유린기 ·————· 88

오향장기 ·————· 89

닭고기 볶음밥 ·————·91

깐풍기 ·————· 92

토종닭 레시피_일식

일본식 가라아게 ·————·95

오야코돈 ·————· 97

일본풍 치킨카레 ·————· 99

토종닭 레시피_가정식

치킨까스 · ─── ·100

간장양념 통살 닭구이 · ─── ·101

크림카레찜닭 · ─── ·103

토종닭 대추 솥밥 · ─── ·104

토종닭 육전 · ─── ·105

위대偉大한 계鷄발자 팀이 탐사한 한국의 숨겨진 대표 토종닭 식당

전남 광양 <지곡 산장> · ─── ·106

전남 해남 <장수 통닭> · ─── ·107

제주 교래리 <토종닭 특구> · ─── ·108

11

토종닭의 매력

우리나라에서 같은 식재료임에도 두 가지 서로 다른 이름으로 부르는 경우가 있으니 바로 닭과 치킨이다. 삶은 것은 닭이고, 튀긴 것은 치킨이다. 이 표현에서 보이듯, 우리나라 전통의 닭 요리에는 주로 물로 삶는 방법을 이용했다. 기름에 튀기는 치킨은 1970년대 후반 미국에서 넘어온 음식이다. 닭튀김 요리로 우리에겐 닭강정이 있지 않느냐고 항변할 수도 있겠다. 그러나 닭강정을 비롯한 대한민국 '튀김'의 역사는 식용유가 국내에 보급된 1960년대 이후의 일이다. 기름으로 하는 요리로 말하자면 우리는 주로 지졌고, 딥 프라이(Deep Fry) 즉 튀기는 건 꽤 최근에 받아들인 조리 방식이다.

프라이드 치킨은 본디 미국 남부 지역에 노예로 팔려 온 아프리카 후예들의 소울 푸드다. 백인 주인들은 그들의 노예가 큰 가축을 소유하는 것은 불허했지만, 허름한 숙소 마당에서 소소한 닭 정도를 기르는 것은 허용했고, 착취에 고통받던 그들이 주말에 모여 그 닭을 기름에 푹 튀겨 먹었던 것이 바로 이 프라이드 치킨의 기원이다. 프라이드 치킨이 한국에 들어오면서 한국식 튀김옷, 염지, 다양한 양념들과 결합되면서 원조를 능가하는 실제 세계가 주목하는 음식으로 자리 잡았다. 만약 치맥도 한식이라면 요즘 한식 세계화의 선두에는 치맥이 있다고 해도 과언이 아니다. 한국식 치킨은 두 번 튀긴다는 것이 대단한 비밀의 레시피인 것처럼 해외 SNS에서 회자되고 있다.

우리가 프라이드 치킨으로 쓰는 닭은 '코니시 크로스(Cornish Cross)'라 불리는 교배종으로 1930년대에 코니시 품종과 다른 품종을 교배해 만들었다. 마트에서 가장 흔하게 보이는 닭, 치킨집에서 튀기는 닭이 전부 이 것이다. 이 닭의 가장 큰 특징은 빨리 자란다는 점이다. 즉, 생산성이 높다. 따라서 이 품종은 현대 육종 기술의 집약체로 주목받으며 전 세계로 빠르게 확산되었다. 현재 전 세계의 산업화된 양계업에서는 모두 이 품종의 아종을 주로 사육하고 있다. 우리나라에서 먹는 식용 닭의 대부분도 이 코니시 크로스로 토종닭을 빼고 다 같은 품종이라 보면 된다.

깃털 색이 하얀데다 워낙 빨리 자라는 특성 때문에 '팝콘닭'이라는 별명을 가진 코니시 크로스는 부화 후 한 달쯤 되면 1.5kg의 크기로 자라고, 도축되어 프라이드 치킨으로 요리된다. 우리나라를 대표하는 토종닭인 '한협3호' 품종은 이 크기가 되려면 두 달 정도, 그리고 재래닭 품종인 제주도 '구엄 닭'은 무려 10개월을 키워야 그 정도 크기가 되니 경제성에 있어 코니시 크로스와는 경쟁이 안 된다. 코니시 크로스가 우리 식탁에 자주 올라오는 이유, 우리가 저렴하게 치킨을 먹을 수 있는 이유가 바로 이 높은 생산성에 있다.

코니시 크로스는 빨리 자라는 대신 살을 구성하는 근섬유가 촘촘하지 않고 성기다는 특징을 가지고 있다. 성긴 근섬유는 베어 물었을 때 입안에서 닭 살점이 부드럽게 떨어져 나가는데 이를 부드러운 식감이라고 긍정적으로 표현하는 사람이 있고, 육질이 흐물거린다는 부정적인 표현을 쓰는 사람도 있다. 실제 이 품종으로 백숙이나 삼계탕을 오랫동안 끓이면 살이 다 풀어지는 경우를 종종 보게 된다. 반면에 겉에 튀김옷을 입히고 빠르게 튀겨냈을 때에는 '겉바속부(겉은 바삭하고 속은 부드러운)'의 환상적인 조합을 만들어낸다.

또 다른 특징은 별다른 육향이 없다는 것이다. 향이 살짝 비릿하면서 맹맹하다. 이 품종의 특성이면서 또 한 달도 안 된 어린 닭을 도축하니 육향이 제대로 형성되지 않은 것으로 보인다. 반면에 세 달 정도 기른 토종닭을 석쇠나 프라이팬에 구워 먹어보면 확연한 닭의 육향이 느껴진다. 토종닭을 구우면 가슴살 부위는 육향이 살짝 도는 정도지만, 움직임이 많은 다리 살 부위는 쇠고기나 돼지고기와 비견할 만한 아름다운 육향을 선사한다. 반면에 코니시 크로스는 육향이 없기 때문에 이를 보완하기 위해 짠맛을 입히는 염지 작업을 하고 튀김옷을 입혀 튀겨 먹는다.

이 부들부들한 코니시 크로스를 튀긴 '치킨'이 뒤늦게 우리나라에 들어오긴 했지만 이제 대한민국을 대표하는 간식, 야식 메뉴로 자리 잡았다. 그러나 역시 여름의 시작은 삼계탕이다. 집에서는 닭을 푹 고아 만든 닭곰탕이나 백숙을 먹는다. 삼계탕, 닭곰탕, 백숙의 레시피는 상당히 유사하며 여기에 닭갈비와 닭볶음탕까지 포함한다 해도 대한민국 닭 요리의 99%는 이 레시피에서 벗어나지 않는다. 뭔가 아쉽다. 우리가 그렇게도 사랑하는 닭을 먹는 방법이 이렇게 단순하단 말인가?

우리는 닭을 전통적으로 삶아 먹었고, 또 최근엔 많이 튀겨 먹는다. 하지만 전라남도 지역에는 타 지역에 아직 잘 알려지지 않은 독특한 닭 관련 식문화가 있다. 닭의 뼈를 발라내고 먹기 좋게 부위별로 자른 후 아주 약하게 간을 하거나 소금만 살짝 뿌려서 석쇠에 올려 구워 먹는다. 정교하게 다듬은 닭을 달아오른 숯의 복사열에 살짝 익혀 먹는 닭 숯불구이는 실로 별미다. 두툼하고 쫄깃한 닭껍질의 매력이 극대화되는 방식이며, 닭의 부위별 맛과 식감의 차이를 제대로 즐기며 재료 본연의 깊은 맛을 느낄 수 있는 음식이다.

그런데 이 지역에서는 이 닭 숯불구이를 할 때 저렴한 일반적인 닭, 즉 코니시 크로스를 쓰지 않고 반드시 오래 기른 비싼 토종닭을 쓴다. 그 이유를 닭 숯불구이의 원조라 할 수 있는 전남 광양의 지곡 산장 사장님에게 물어봤더니 오래 기른 토종닭의 깊은 육향과 흐물거리지 않고 단단한 살, 그리고 두텁고 쫄깃한 껍질의 식감 때문이라는 답변을 받았다. 실제 이 전라도 광양식 닭 숯불구이를 먹어보면 닭의 놀라운 육향을 즐길 수 있다.

요즘 이 숯불구이 닭요리가 조금씩 전국으로 확산되고 있는데, 서울 강남에 위치한 한 닭 숯불구이 전문점에 갔더니 일반 코니시 크로스로 닭을 굽고 있었다. 역시 육향이 느껴지지 않았고, 식감은 물컹거렸으며, 특유의 얇은 껍질은 토종닭의 두껍고 쫄깃한 껍질과 비교할 수 없는 수준이었다. 우리나라에는 맛 천재 전라도 친구들이 있지 않은가! 이 친구들이 먹는 방식으로 먹으면 무조건 맛있다. 그러니 토종닭을 구워 먹어보자. 좀 더 다양하고 맛있게 먹어보자.

다양한 것은 즐거운 일이며, 음식에서의 즐거움은 세련됨과 까다로움을 낳는다. 튀겨 먹을 땐 육계, 즉 코니시 크로스를 쓰자. 그런데 굽거나, 국물을 내거나, 오븐에서 로스트하거나, 볶음 요리를 하는 등 뭔가 정교함을 요하는 닭 요리, 닭의 식감과 육향 자체가 중요한 요리라면 역시 토종닭을 쓰는 것이 좋다. 세련되고 까다롭게 먹자. 토종닭은 천천히 자라고, 천천히 오래 자란 닭은 육향부터 다르다.

* 본 칼럼의 초고는 이데일리 칼럼 '문정훈의 맛있는 혁신' 2018년 9월 13일자에 실렸습니다.

토종닭 손질하기

대한민국 1등 식재료로 꼽히는 닭은 탕, 구이, 튀김 등 활용할 수 있는 요리가 무궁무진하죠.
토종닭은 일반 닭보다 크기가 커서 지방 제거를 더욱 잘 해야 합니다. 지방을 최대한
제거해야만 담백한 요리를 먹을 수 있기 때문이죠. 생닭을 손질할 때는 장갑을 사용하는
것보다는 맨손으로 잡고 하는 게 더 쉽고 편하게 할 수 있어요. __by 박종숙

재료

토종닭, 도마, 칼

1 토종닭은 통으로 흐르는 물에 씻은 뒤 배를 가른다.

2 배 안쪽 밑부분과 목 주변의 지방을 제거한다.

3 등 쪽을 위로 가게 펴 놓고 꽁지 바로 윗부분의 지방부터 비스듬히 잘라 낸다.

4 토종닭을 엎어 놓은 채로 중앙 부분을 눌러 납작하게 편 뒤 닭날개의 끝 부분을 잘라준다.

5 다시 배 안쪽을 위로 놓고 갈비뼈 사이사이에 낀 핏덩이나 내장 찌꺼기를 떼어낸다(솔을 활용하면 쉽게 된다).

6 찬물에 깨끗이 헹궈 10분 정도 담가 둔다.

7 건져서 물기를 제거한다.

토종닭 백숙

피로회복, 원기 충전 보양식인 토종닭 백숙 레시피를 소개합니다. 토종닭으로 만든 백숙은
일반닭보다 진한 국물이 우러나는데요. 따끈한 국물을 떠먹는 상상만 해도 속이 든든해지고
힘이 나는 것 같습니다. _by 박종숙

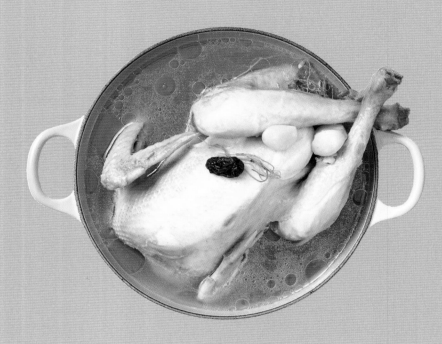

영양 가득 토종닭 한 마리를 통째로 담아 온 가족 모두 맛있게
즐길 수 있어요. 다향의 노하우가 담긴 비법백숙재료를 넣고
끓이면 다른 재료를 구입할 필요 없이 간편하고 맛있는 토종닭
백숙이 완성!

4인분

주재료

토종닭, 물 4L, 집간장 1Ts

손질 재료

청주(또는 소주) $\frac{1}{4}$컵, 녹차 티백 1팩

부재료

찹쌀 $\frac{1}{2}$컵, 통 녹두 $\frac{1}{2}$컵, 껍질 깐 밤 5알, 대추 3알, 인삼 6년근 1뿌리, 양파 1개,
통마늘 10쪽, 통생강 4쪽, 마른 황기 약간, 마른 고추 1개, 대파 흰부분(20cm), 당근 $\frac{1}{4}$개, 통후추 $\frac{1}{2}$Ts,
우엉(1개=50g, 우엉 티백 2팩 대체), 면 자루(20cmx25cm)

고명 재료

은행, 부추 약간

3

건져 낸 토종닭은 찬물에 씻어 이물질을 제거하고 남은 물기를 뺀다.

1 토종닭이 잠길 만한 충분한 물에 청주와 녹차 티백을 넣고 끓인다.

2 물이 끓으면 손질한 토종닭을 넣고, 물이 끓어오르면 뒤적여 3분쯤 끓인 후 토종닭을 건져 낸다.

9

떠오르는 불순물은 거름망으로 걷어 내고 젓가락을 이용해 토종닭의 익힘 정도를 확인한다.

7 뚜껑을 열고, 센 불에 끓어오르면 10분간 더 끓여준 뒤 중불로 줄인다.

8 집간장으로 밑간을 한 후에 대추와 인삼을 넣고 40분간 끓인다.

4

양파는 껍질째 씻어 물기를 닦은 후 직화로 굽고, 마른 황기는 7㎝, 우엉과 대파는 5㎝, 당근과 부추는 3㎝ 크기로 잘라 준비한다.

5

대추와 인삼을 제외한 나머지 부재료들을 면 자루에 넣는다.

6

깨끗한 냄비에 4L의 물과 손질해둔 토종닭, 면 자루 속 부재료들을 넣고 뚜껑을 닫고 끓인다(자루가 냄비 바닥에 닿아 눌어붙지 않도록 저어준다).

10

익은 토종닭은 건져내고, 면 보를 이용해 국물을 걸러준다.

11 다른 냄비에 토종닭과 국물을 부은 뒤 은행과 부추를 얹는다.

12 식탁의 불에 냄비를 올려 약한 불로 은근히 데우면서 먹는다.

토종닭 닭볶음탕

소문난 맛집이 여기 있었네?! 가족 모두가 반할 정도로 배불리 먹을 수 있는 한 상 차림,
매콤하면서도 달달한 끝 맛이 입에 착착 감기는 닭볶음탕 레시피를 소개합니다.__by 박종숙

용도에 맞게 편하게 절단되어 담긴 토종닭 한 마리.
탕, 찜 등의 용도에 맞게 절단해 쉽고 다양하게 조리할 수
있어요.

4인분

주재료
토종닭12호(손질 전1.2~1.3kg, 손질 후 1~1.2kg)

손질 재료
청주(또는 소주) $\frac{1}{4}$컵, 녹차 티백 1팩, 물 3L, 식용유(까놀라유나 고추기름) 2Ts, 들기름1Ts

밑간 재료
생강 즙1Ts, 매실청2Ts, 청주(소주)3Ts

부재료
양파 1개, 통감자 $2\frac{1}{2}$, 당근 $\frac{1}{2}$개, 생표고버섯(3개=100g), 통마늘 10쪽, 애호박($\frac{1}{2}$개=70g), 대파 100g, 청고추 3개, 홍고추 2개, 청양고추 3개, 깻잎 1묶음

양념재료
굵은 고춧가루 2Ts, 진간장 2Ts, 맑은 멸치액젓 2Ts, 고추장 2Ts, 매실청 2Ts, 조청(물엿) 2Ts, 물 6컵, 참기름 1Ts, 깨소금 1Ts, 후춧가루 약간

1

토종닭의 양쪽 허벅지
안쪽으로 칼집을 깊게 넣어
연결된 껍질과 살을 분리해
다리의 중간을 자른다.
양 날개와 겨드랑이 쪽도 같은
방법으로 연결된 살을 잘라
떼어 내고 가운데 관절을
자른다.

2

기본 손질이 된 토종닭을 먹기 좋은 크기로
자른다(약 20~24토막). 살집이 두꺼운 곳은
칼집을 낸다.

3

냄비에 물과 청주(소주, 녹차
티백)를 넣고 끓기 시작하면
손질한 닭을 넣고 3분 간
끓인 후 건진다. 찬물에 헹궈
이물질을 제거하고 물기를
빼준다.

9

대파는 5cm 길이로, 고추는 어슷 썰어 씨를 털어낸다.
깻잎은 잘 씻어서 반으로 잘라 1cm두께로 썬다.

10 준비된 양념 재료로 양념을 만들고 토종닭, 감자, 당근을 버무려
30분간 재운다.

11 냄비에 토종닭을 넣고 물을 부어서 끓인다. 물이 끓으면 감자와
당근을 넣고, 센 불에 10분 정도 끓인다.

4
물기를 뺀 닭에 생강 즙,
매실청, 청주를 발라
30분 정도 밑간을 해준다.

5 팬 위에 식용유를 두르고, 닭을 앞뒤로
약간 노릇하게 지지고, 노릇하게 지진
토종닭은 키친타월에 올려 여벌의 기름을
빼준다.

6 양파는 절반 혹은 삼등분을
해주고, 통감자는 껍질을 까
큼직하게 썰어준다.

7 당근은 감자보다 약간 작게
썰고, 생표고버섯은 반으로
어슷 썬다.

8 마늘은 껍질을 까서
통으로 사용하며, 애호박은
큼직하게 어슷 썬다.

12
냄비뚜껑을 닫고 중간중간 뒤적이면서 중불로 바꾼다.
국물이 반 정도 줄고 닭고기가 익으면 대파와 풋고추,
홍고추, 청양고추를 마저 넣고 익힌다.

13
참기름, 깨소금을 넣고 깻잎을 얹어 마무리하고 버너로
옮겨 계속 끓이면서 먹는다.

닭고기 스테이크

손질된 재료를 이용해 만드는 초간단 닭고기 스테이크 레시피를 소개합니다. 요리 초보자도
전문가 못지않게 근사한 음식을 충분히 만들어낼 수 있답니다. 준비되셨나요?_ by 문정훈

맛있는 토종닭 스테이크는
74페이지 조아라 농장 이야기를 참조하세요.

2인분

주재료

발골 된 토종닭 ½마리 350g(또는 다향 우리땅토종닭 통구이용 1팩)

부재료

식용유, 파프리카 1개, 양파 ½개, 새송이버섯 1개, 소금 약간, 후춧가루 약간

닭고기 스테이크

1

스테이크용으로 손질된 토종닭(실온 상태)에 앞뒤로
소금과 후춧가루를 뿌린다. 단, 껍질은 제거하지 않는다.
냉장 상태였다면 소금을 뿌린 후 30분 정도 그늘진 상온에
두어 고기의 온도를 상온으로 맞춰준다.

2

프라이팬에 식용유를 1mm 정도 코팅 될 때까지
둘러준다.

5

익은 토종닭을 팬에서 옮겨 상온에 휴지시키고,
팬에 채소를 넣고 볶아준다.

4

껍질이 황갈색이 될 때까지 튀기듯 지지고,
바삭하게 익으면 뒤집어서 반대편을 익혀준다.

3

기름에서 연기가 올라오는 순간 프라이팬에
토종닭 껍질 부위를 아래로 가게 두고
2~3분 정도 둔다.

6

그릇에 스테이크와 볶은
채소를 올린다.

치킨 스톡

양식에 있어 소스나 수프의 기본이 되는 재료인 치킨 스톡 레시피입니다. 스톡은 재료 자체의 깊은
맛을 충분히 우려내야 합니다. 우리나라 멸치 육수처럼 닭 뼈에 물을 붓고 끓여서 우려낸 국물로,
서양 요리에서 일반적으로 쓰는 닭으로 만든 기본 육수라고 생각하시면 되어요. _by 김욱성

주재료

닭 뼈 2마리 분, 양파 1개, 셀러리($\frac{1}{2}$개=100g), 당근 $\frac{1}{2}$개,
월계수 잎 3장, 마늘 5쪽, 생강 $2\frac{1}{2}$쪽, 통후춧가루 1Ts

2

양파, 셀러리, 당근은 2x2cm 크기로 썬다.

1

토종닭 뼈는 속을 깨끗이 씻고 남아있는 지방을 잘라 내 준비한다.
몸통 뼈를 사용할 경우 반드시 속의 내장을 깔끔히 제거해준다.

4

솥 안에 토종닭 뼈, 면 자루를 넣고,
재료가 잠길 정도로 물을 부어준다.

3
마늘과 생강은 으깬 뒤 월계수,
통후춧가루와 함께 면 자루에
넣어 준비한다.

5
국물이 끓어오르면 불을 줄여 끓을 듯 말 듯한 상태로
1시간 30분을 가열한다. 이때 떠오르는 기름은 말끔히
걷어낸다.

6
양파, 셀러리, 당근을 넣고 30분~1시간 더 끓인 후
국물만 거른다.

세계의 토종닭을 찾아서

세 계 의 토 종 닭 을 찾 는 위 대 (胃大) 한 여 정

먼저 고백부터 해야겠다. 닭은 세상에 딱 두 종류만 있는 줄 알았다. '작은 닭'과 '큰 닭'. 우리가 일상에서 자주 접하는 치킨이나 백숙은 작은 닭, 교외의 한적한 '○○ 가든'이나 처가댁에 가야 토종닭이라고 부르는 큰 닭을 먹을 수 있다는 정도만 인지하고 있었을 뿐이다.

프랑스 브레스 닭

특별히 내가 무지해서만은 아니다. 한국은 놀랄 만큼 닭에 관한 한 철저히 이분화돼 있는 사회다. 실제로 시장이나 마트에서 구할 수 있는 닭은 육계와 토종닭 두 가지다. 이렇다 보니 당연히 셰프들이 고를 수 있는 닭도 둘 중 하나다. 소비자가 선택할 수 있는 것도 두 가지다. 튀겨 먹느냐 삶아 먹느냐. 튀긴 걸 골라도 또 두 가지 중 하나를 선택해야 한다. 프라이드냐 양념이냐. 우리는 두 선택지에서 항상 맴돌고 있는 셈이다.

전 세계적으로 가장 많이 사육되고 소비되는 품종은 코니시 크로스(Cornish Cross)다. 소위 육계라고 불리는 닭의 진짜 이름인데, 1930년대 가슴살이 많은 코니시 품종과 달걀 맛이 좋은 화이트 록(White Rock) 품종을 교배해 태어난 종이다. 오늘날 우리가 먹는 육계는 이 코니시 크로스에서 유전적으로 더 선별된 종이라고 이해하면 된다. 빠르게 자라는 덕에 농가는 많은 수

글쓴이 **장준우**

셰프 겸 작가로 신문기자로 지내다 요리에 대한 열정으로 이탈리아 유학길에 올랐다. 이탈리아 ICIF를 졸업하고 시칠리아 주방에서의 경험과 유럽 10개국 60개 도시를 다니며 얻은 경험과 사진을 엮어 '카메라와 부엌칼을 든 남자의 유럽음식 방랑기'를 펴냈다.

익을 얻을 수 있었고, 소비자는 더 저렴한 가격으로 닭고기를 먹을 수 있게 됐다. 이렇게만 보면 누이 좋고 매부 좋은 일 같지만 중요한 걸 잃었다. 바로 종의 다양성이다. 종 다양성 감소 문제는 나와는 상관없는 먼 나라 이야기가 아니라 우리 일상과 밀접한 관련이 있다. 바로 식재료의 다양성과 연결되기 때문이다.

식재료가 다양하지 않다는 건 한정된 종류의 음식만 먹어야 한다는 말과 같다. 끔찍한 이야기로 들릴지 모르겠으나 이미 우리 식탁에서 벌어지고 있는 일이다. 우리가 당장 먹을 수 있는 닭이란 육계가 아니면 토종닭으로 불리는 한협3호뿐이다. 식재료가 다양하지 않으면 셰프 입장에선 창의성을 발휘할 기회가 줄어들고, 소비자로서는 서로 다른 재료의 차이를 이해하는 데서 오는 즐거움을 잃게 된다. 이는

1 프랑스 드롬 뿔닭 **2** 스페인 아스투리아스 토종닭 피투 데 칼레야

굳이 환경보호론자가 아니더라도 우리가 종 다양성에 대해 관심을 가져야 할 이유다.

독점이 나쁘다는 건 누구나 안다. 아무리 생각해도 한 종류의 닭만 지구에 남는 건 그리 바람직한 일이 아니다. 그렇다면 몇 가지 의문이 생길 수밖에 없다. 정말로 닭 품종마다 눈에 띄는 맛의 차이가 있을까. 한국이 닭에 관해 이분화되어 있다면 다른 나라는 어떨까. 그곳

에서는 코니시 크로스가 아닌 다른 닭을 어떻게 키우
고 요리해 먹을까.

닭을 찾아 떠나는 위대한 여정은 이런 의문에서부터
시작됐다. 뛰어난 품질을 자랑하는 고가의 프랑스 브
레스 닭부터 드롬의 뿔닭, 오래 키워 닭의 풍미를 극

일본 나고야 코친

대화한 스페인의 토종
닭 피투 데 칼레야, 적극
적인 토종닭 재건에 앞장서고 있는 일본의 나고야 코친, 그
리고 한국의 토종닭 한협3호와 제주 구엄 닭까지. 총 4개국
6가지 품종, 20여 가지 닭 요리를 눈으로 보고 혀로 맛보며
우리는 어떻게 닭을 키우고 먹어야 할지, 치킨이나 백숙 말
고도 더 다양하게 즐길 수 있는 방법은 없는지, 식재료와 음식
의 다양성을 위해 어떤 방법을 선택해야 하는지 실마
리를 찾아 나섰다.

제주 토종닭 구엄 닭

요 리 의 교 황 이 요 리 한 닭 중 의 닭 , 브 레 스 닭

브레스(Bresse) 닭에는 여러 수식어가 따라붙는다. 닭의 왕 또는 여왕, 가장 비싸고 맛있는 닭,
먹는 데 까다롭기로 유명한 프랑스의 엄격한 원산지 보호 인증(AOC)이 붙은 최초의 닭 등. 심
지어 새빨간 볏(벼슬)과 하얀 깃털, 그리고 파란 발은 영락없이 프랑스 국기의 색과 같다. 프랑
스가 자랑하는 대표 닭이라는 데에는 적어도 프랑스 국내에서는 큰 이견이 없어 보인다.

'브레스닭협회'에 따르면 공식적으로 브레스산 닭이 처음 언급된 건 16세기로 거슬러 올라

간다. 사보이 공국의 군대를 무찌른 프랑스의 트뤼포 후작에게 브레스 주민들이 24마리의 '살찐 닭'을 진상했는데 이것이 '브레스의 닭'으로 기록됐다. 이후 17세기 브레스 지역에 머무른 프랑스 부르봉 왕가의 앙리 4세가 이 닭을 즐기면서부터 전국적인 유명세를 치르기 시작했다고 한다('일요일이면 모든 국민이 닭고기를 먹기 원한다'라는 말도 앙리 4세가 브레스 닭을 먹고 감명받은 후에 했다는 설이 있다). 19세기에는 프랑스의 미식가 브리야 사바랭이 브레스 닭을 두고 '닭의 여왕, 왕의 닭'이라 칭송하기도 했다.

대체 브레스 닭은 다른 닭과 무엇이 다른 것일까. 우선 이를 확인하기 위해 미식의 도시 리옹(Lyon) 인근에 위치한 폴 보퀴즈(Paul Bocuse) 레스토랑을 찾았다. 현대 프랑스 요리의 황제, 요리계의 교황이라는 칭호를 가진 폴 보퀴즈는 지역의 식재료를 적극적으로 발굴

프랑스 리옹 인근에 위치한 폴 보퀴즈 레스토랑

해 재료의 맛을 끌어올리는 이른바 누벨 퀴진 (Nouvelle Cuisine)의 선구자다.

폴 보퀴즈는 그가 살던 지역 주변의 식재료인 브레스 닭에 주목했다. 소박한 닭 요리도 조리법과 좋은 닭을 쓰면 최고급 요리로 변모할 수 있다는 걸 증명했다. 1960년대 그는 텔레비전 요리 프로그램과 잡지 등 매체에 브레스 닭을 소개, 시연하고 세계를 누비며 그 우수성을 알렸다. 브레스 닭을 프랑스를 넘어 세계적인 식재료로 가치를 끌어올린 장본인인 셈이다.

폴 보퀴즈의 대표 브레스 닭 요리는 돼지 방광에 닭을 넣고 쪄 화이트 와인과 모렐버섯으로 만든 크림소스를 끼얹어 만든 '볼라이 드 브레스 엉 베시 메흐 필리유(Volaille de Bresse en vessie 'Mere Fillioux)'다. 돼지 방광이라는 단어에 인상이 찌푸려질 수도 있지만 여기엔 그럴 만한 이유가 있다. 우리가 요리할 때 맡는 냄새는 향기롭지만 사실 빠르게 재료에서 풍미가 빠져나가고 있다는 신호인데, 브레스 닭 고유 향과 육즙을 최대한 보전하고자 고안해낸 방법으로 완성된 음식의 풍미를 공기 중에 조금이라도 날려버리지 않겠다는 의도가 담겨 있다.

모든 육류 요리가 그렇지만 닭 요리도 온도가 핵심이다. 소나 돼지고기의 등심과 안심, 갈비

1 폴 보퀴즈 레스토랑 내부 전경
2 돼지 방광 안에서 푹 익힌 브레스 닭

살과 다리 살 모두 다른 특성을 갖고 있기에 각기 다른 방식으로 조리해야 한다는 인식이 있다. 닭도 부위별로 익는 속도와 적정 익힘 온도가 다르다. 다만 닭만큼은 크기가 작기에 한 마리를 통째로 조리하는 경우가 많은데 이때 가슴살과 다리 살이 적정하게 익을 수 있는 온도를 맞추는 게 관건이다.

폴 보퀴즈 대표 요리 Volaille de Bresse en vessie 'Mere Fillioux'

다리는 뼈로 인해 열 전도율이 낮아서, 다리를 기준으로 익히면 가슴살이 퍽퍽해지고 가슴살을 기준으로 익히면 다리가 덜 익게된다. 폴 보퀴즈의 방식은 다리가 겨우 익을 정도를 유지하면서 가슴살이 촉촉해질 수 있게 습기를 가두는 방식이라 볼 수 있다. 돼지 방광 안에서 풍미를 고스란히 지닌 채 익은 브레스 닭의 맛은 실로 놀라웠다. 어떤 맛인가 하면, 정말로 제대로 된 '닭의 맛'이었다. 닭에서 닭맛이 난다는 건 당연한 이야기겠지만, 닭이라는 식재료가 보여줄 수 있는 가장 높은 수준의 닭의 맛이라고 해야 할까. 여태까지 접해본 닭고기의 풍미가 50이라고 한다면 이 요리의 풍미는 100을 보여주는 듯했다. 한입 베어 문 가슴살에서는 육즙이 터져 나왔고 흔히 생각하는 퍽퍽한 가슴살의 질감과는 전혀 달랐다. 셰프의 관점에서 볼 때 닭의 풍미를 완벽하게 살린 요리였다. 곁들이는 모렐버섯과 크림소스는 그저 심심하지 않게 닭의 맛을 거들 뿐이었다. 폴 보퀴즈의 식당을 뒤로하면서 브레스 닭에 대한 궁금증이 더욱 커져갔다. 다른 조리법을 이용한 브레스 닭 요리는 어떨까. 조리법도 조리법이지만 닭 자체가 갖고 있는 폭발적인 풍미는 과연 어디서 비롯된 것이며 대체 어떤 방식으로 사육되고 있는 것일까. 그 답을 찾기 위해 브레스 닭의 고향으로 향했다.

프랑스 보나에 위치한 조르주 블랑 빌리지

교황의 적자와 브레스 닭의 성지

브레스 시내에서 멀지 않은 보나(Vonnas) 마을. 이곳 한편엔 프랑스에서 유명하기로 다섯 손가락 안에 드는 셰프 조르주 블랑(George Blanc)의 이름을 딴 조르주 블랑 빌리지(George Blanc Village)가 떡하니 붙어 있다. 얼핏 보기엔 마을이 조르주 블랑 빌리지에 붙어 있는 것 같은 모양새다.

조르주 블랑은 폴 보퀴즈의 제자 중 한 명이자 성공한 외식사업가로 브레스닭협회의 협회장이다. 생산자 협회의 장을 셰프가 맡는다는 건 전무후무한 일이다. 생산자와 셰프의 관계는 서로 입장이 다르기에 더더욱 흥미를 끄는 대목이다. 셰프는 높은 품질의 닭을 가능한

브레스 닭 협회장 조르주 블랑

한 낮은 가격에 받기를 원하고, 생산자는 힘들게 키운 닭을 높은 가격에 팔고 싶어 하기 때문이다. 브레스 닭의 가격은 1kg에 18유로다. 일반 닭이 1kg에 3~4유로 정도 하는 것과 비교하면 꽤 비싼 가격이다. 보통 닭이 1.3kg에 출하되므로 한화로는 한 마리에 3만 원을 훌쩍 넘긴다. 1.8kg, 한국에서는 18호에 해당하는 브레스 암탉은 무려 한 마리에 5만 원을 육박한다. 과연 소비자들은 한 마리에 3만~5만 원 하는 생닭에 지갑을 열까.

세프를 협회장으로 선택한 브레스닭협회의 결정은 옳았다. 생산자가 아무리 자신들의 제품이 좋다고 외친 들 소비자가 그 가치를 그대로 받아들이는 데는 한계가 있기 때문이다. 소비자와 생산자의 접점에 있는 건 결국 셰프다. 폴 보퀴즈의 뒤를 이어 열렬한 브레스 닭 전도사가 된 조르주 블랑은 그 가치를 더욱 공고히 하는 데 일조했다. 일류 식재료로서의 가치를 얻은 브레스 닭은 일반 닭과 경쟁할 이유도, 필요도 없어졌다. 브레스 닭의 가치가 시장에서 인정받게 되자 생산자들도 안정된 이익으로 품질관리에 주력할 수 있게 됐고, 조르주 블랑 자신도 부와 명예를 덩달아 안을 수 있었다.

폴 보퀴즈가 브레스 닭을 돼지 방광에 넣고 찐 요리로 유명세를 얻었다면 그의 제자 조르주 블랑은 소금빵 반죽에 넣고 구운 요리로 명성을 얻었다. 재료를 소금에 파묻어 굽는 요리는 큰 생선 요리에 주로 쓰는 방법이다. 열이 재료 안에 열이 고루 전달되면서 간도 함께 맞출 수 있다는 장점이 있다. 소금과 밀가루 반죽

소금빵 반죽으로 닭을 감싸는 모습

으로 브레스 닭을 꼼꼼히 싸는 방식은 재료를 가능한 한 고루 익히면서 풍미가 빠져나가지 않게 하려는 점에서 폴 보퀴즈의 방식과 같다.

차이가 있다면 폴 보퀴즈의 방식은 찜에 가까웠지만 조르주 블랑의 방식은 구이와 찜의 중간이라고 할까. 독특한 방식으로 찐 닭의 풍미는 우리가 흔히 접하는 닭의 구운 껍질과는 달랐다. 쫄깃하면서 기분 좋게 지방이 녹아내리는 식감은 분명 다른 닭에서는 느끼기 힘든 브레스 닭만의 특징이다. 가슴살은 흡사 두부처럼 부드러운 동시에 탄력이 있었고 다리 살은 가슴살과 비교해 확연히 식감이 탄탄하면서 진한 닭의 풍미를 온전히 지니고 있었다. 폴 보퀴즈의 요리와 마찬가지로 갖은 호화로운 부재료들이 존재하지만 역시 요리 안에서 브레스 닭은 존재감이 분명히 느껴지는 힘을 갖고 있었다.

폴 보퀴즈와 조르주 블랑의 레스토랑은 둘 다 미쉐린 별 세 개를 받은 나름 격조 높은 곳이다. 그곳에서 맛본 브레스 닭 요리는 브레스 닭의 가치를 최대한 끌어올린 화려한 고급 요리였다면 그 반대편에서 가장 단순하고 소박하게 조리한 브레스 닭의 맛도 궁금했다. 어쩌면 재료 자체의 맛을 가장 직관적으로 알 수 있는 방법이지 않을까. 거의 매 끼니마다 닭을 먹고 있건만 호기심이 본능을 억제하는 듯 아직 더 닭을 맛보겠다는 의지는 전혀 꺾이지 않은 밤이었다.

브레스 닭 독립군

정오가 지나 찾은 곳은 브레스 닭을 키우는 도미니크(Dominique Merle)의 농장이다. 이곳을 찾은 데엔 특별한 이유가 있다. 보통의 경우 닭 농가에서는 병아리를 사와 사육만 한 후 도계장으로 닭을 넘기고, 도계장에서 도축된 닭은 유통업자가 받아 소매점이나 식당으로 유통하는 구

독립형 농장 도멘느 드 라 페후즈 얼(Domaine de la Pèrouse Ear)

조다. 이는 브레스 닭뿐만 아니라 거의 모든 닭 농가에 적용된다. 효율과 위생이 가장 큰 이유다. 농가는 사육에만 집중하고 직접 손에 피를 안 묻혀서 좋고 도계장에서 닭을 사 가니 판로를 걱정하지 않아도 된다. 여러모로 편리한 구조인 셈이다.

이곳은 기존의 관행을 거부하고 사육과 도축, 그리고 유통까지 모두 도맡아하는 독립형 농장이다. 말이 좋아 독립형 농장이지 여기엔 큰 수고가 뒤따른다. 그는 무엇 때문에 불편을 감수하는 길을 선택한 것일까. 그 대답을 듣기 전에 광활하게 펼쳐진 방목장을 보고 있노라니 왠지 이유를 알 것만도 같았다.

브레스 닭이라고 해서 모두가 '브레스' 이름을 붙일 수 있는 건 아니다. 품종은 당연히 골루아즈 드 브레스(Gauloise de Bresse)라는 고유 품종이어야 하는 것은 물론이고, 브레스 내에

넓은 목초지를 뛰어다니는 도미니크 브레스 닭

서만 자라야한다. 생후 35일간 계사 안에서 20%의 단백질로 구성된 사료를 먹어야 하며 36
일부터는 방목을 하고 12%의 단백질로 구성된 사료와 초지에 있는 벌레와 풀로 먹이를 해
결해야 한다. 이 시기는 근육함량을 늘리는 시기로 1마리당 10㎡의 초지가 확보 되어야 하
고 사료는 지역 내에서 생산된 밀, 우유, 옥수수 여야 한다. 닭의 종류 별로 다르지만 최소 4
개월동안 기르고 12kg이상의 중량이 되어야 도축이 가능하고, 도축 시 피를 뽑는 작업은 수
동으로 해야 한다. 이뿐 아니라 도축 이후 2~4주 동안 숙성을 하여 지방을 근섬유에 고루 퍼
뜨린다. 닭의 풍미가 정점에 있는 브레스 닭 품질의 비밀은 여기에 있다. 이렇게 엄격한 원
산지 보호 인증(AOC)을 거친 브레스 닭만이 시장에서 인정을 받는다.

한국의 닭은 대개 생후 35일 전후에 도축한다. 이는 무서울 정도로 빨리 자라는 코니시 크
로스이기에 가능한 일이다. 빨리 자라다 보니 근육이 치밀해질 새가 없고, 닭 자체의 선명
한 풍미를 가질 시간도 적어 연하고 밋밋한 맛을 낸다. 반면 방목해서 오래 키운 닭은 풍미

농장주 도미니크

독립된 브랜드로 인식되는 도미니크 농장의 브레스 닭

가 진하지만 그만큼 육질
이 단단하다는 특징이 있
다. 큰 닭은 질겨서 먹기
힘들다는 인식이 바로 여기서 나왔다. 브레스 닭은 분명 오래 키운 닭이다. 하지만 오래 키
운 닭의 단점을 보완하는 방식을 택했다. 충분한 방목을 통해 건강하고 오래 자라게 한 다
음 모자라는 지방은 집중 비육을 통해 보충하고 단단한 육질은 숙성을 통해 해결한 것이다.
도미니크는 숙성고를 열어 보이며 숙성을 거치지 않은 브레스 닭은 먹지 못한다고 했다. 손
이 많이 가고 까다롭지만 품질을 위해 생산자들은 기꺼이 수고를 감수한다.

도미니크가 독립형 농장으로 고생을 사서 하는 이유는 여기에 있다. 이런 정성과 노력이 든
브레스 닭을 한 마리라도 허투루 소비되는 걸 원하지 않았다. 도미니크처럼 독립형 농장을
운영하는 농가는 전체 브레스 농가 중 20%에 달한다. 대형 도계장과도 경쟁이 가능한 건 브
레스 닭의 가치 덕분이다. 더 나은 방식과 더 좋은 마음으로 기른 닭에 대한 가치를 셰프들
이, 소비자들이 인정해주기 때문이다. 다 같은 브레스 닭이 아니라 '도미니크 농장의 브레스
닭'이라는 하나의 독립된 브랜드로 인식되고 있는 것이다. 전체 2000마리 정도를 유지하면
서 일주일에 200~300마리를 도축하는데 인근 리옹 및 파리의 유명 레스토랑과 계약되어 물
량이 남는 일은 없다고 한다.

브레스 닭을 통째로 오븐에 구운 로스트 치킨

식재료의 가치를 끌어올리는 일은 이처럼 중요하다. 여기에는 품질을 끌어올리는 생산자의 노력뿐만 아니라 셰프의 힘, 그리고 소비자의 인식 3박자가 갖춰져야 한다. 생산자만 열심히 한다고 해서 가치가 저절로 얻어지는 것도 아니며, 셰프가 아무리 애를 써도 품질이 낮은 식재료로는 소비자를 설득하는 데 한계가 있다. 소비자도 열린 마음으로 가치를 인정하고 동시에 지갑을 기꺼이 열 수 있는 환경이 필요하다.

드넓은 목초지에서 벌레를 쪼아 먹으며 양과 함께 뛰어다니는 브레스 닭을 보고 있자니 한편으로는 부럽게도 느껴졌다. 사람을 경계해 잽싸게 피해 다니는 닭은 꽤나 건강해 보였다. 실제로 도미니크의 농장에서 닭이 질병에 걸린 적은 단 한번도 없었다고 한다. 독수리나 여우의 침입 말고는 닭이 도축 전에 목숨을 잃는 경우는 없다는 게 도미니크의 설명이다. 농장 견학을 마치고 나자 도미니크가 저녁을 대접하겠다고 했다. 메뉴는 브레스 닭을 통째로 오븐에 구운 로스트 치킨. 브레스 닭 본연의 풍미가 궁금했던 찰나 더할 나위 없는 행운이었다.

필요한 건 브레스 닭과 소금, 후추, 그리고 오븐. 닭의 겉과 안쪽에 골고루 소금과 후추를 뿌리는 도미니크에게 겉에 오일은 바르지 않느냐고 물었다. 오븐에 고기를 굽는 경우 겉이 마르는 걸 방지하기 위해 오일을 발라주는 게 일반적이기 때문이다. 그는 그런 건 필요 없다고 딱 잘라 대답했다. 닭 자체의 지방으로도 충분하다는 것이다. 흥미로운 건 구울 때 가슴살이 너무 익지 않도록 익히는 중간에 잘라놓는다는 점이었다. 가슴살은 62℃까지, 다리 살은 75℃ 이상이 될 때까지만 익히는 게 핵심이었다.

요리를 시작한 지 약 2시간 후 오븐에서 나온 로스트 치킨를 맛보고는 혀를 의심했다. 단지 소금과 후추만 가미했을 뿐인데 로티는 폴 보퀴즈와 조르주 블랑에서나 맛봤던 육즙 가득한 브레스 닭과 큰 차이점을 찾기 어려웠다. 흘러나온 지방을 소스 삼아 살에 적시거나 다시 끼얹어 정신없이 접시를 비웠다. 그날 먹은 닭은 아마도 일생에서 기억될 만한 식사였다.

식사를 마무리할 즈음 도미니크가 시가를 꺼내 피우며 한 말이 계속 생각난다.
"나는 자유로운 사람이니까 닭들도 자유롭게 살다가 가는 게 자연의 순리 아닐까. 닭을 먹는다는 건 닭의 인생을 흡수하는 것과 같아. 내 몸의 일부가 되는 닭이 행복해야 하는 건 어찌 보면 당연한 일이야. 나는 단지 그걸 돕는 역할을 할 뿐인 거고."

브레스 닭 간의 압도적인 풍미

리옹 시내에 위치한 '르 슈프렘(Le Suprême)'은 뉴욕의 유명 셰프이자 레스토랑 이름인 '다니엘 불뤼(Daniel Boulud)' 산하에서 수련하던 프랑스인과 한국인 커플이 운영한다는 것 말고

브레스 닭을 주력으로 하는
르 슈프렘 레스토랑

르 슈프렘 내부 전경

도 흥미로운 점이 많은 레스토랑이다. 프랑스어에 익숙하다면 닭 가슴살을 뜻하는 슈프렘(Suprême)이란 식당 이름에서 알아챌 수 있듯 이 식당의 주력은 바로 브레스 닭이다. 주변에 이미 닭으로 끝장을 본 폴 보퀴즈나 조르주 블랑이 버티고 있다는 걸 생각하면 기특한 도전이다.

뉴욕에서 일하던 그레고리(Gregory Stawowy) 셰프와 이윤영 셰프가 리옹에 자리 잡게 된 건 스승 다니엘 불뤼의 영향이 컸다. 그의 고향이 리옹 인근인지라 레스토랑을 여는 데 물심양면으로 도움을 줬다. 가게를 오픈하기 전 직접 찾아와 테이블 길이까지 재주며 조언해주었다고. 스승의 든든한 후원이 있음에도 두 셰프는 리옹에 처음 정착한 지 2년 후에 식당을 열 수 있었다. 외지인이라

그레고리 셰프와 이윤영 셰프

주변의 텃세도 심했고 식재료가 뉴욕과는 달라 재료를 구하고 메뉴를 정하는 일도 쉽지 않았다는 것이다. 다행스럽게도 슬럼가 지역에 겨우 가게 자리를 얻을 수 있었는데 그곳은 우연찮게도 30년 정도 영업한 브레스 닭 전문점이 자리한 곳이었다.

이들은 처음부터 브레스 닭을 주력으로 선보이려는 의도는 없었다. 브레스 닭에 관심을 두게된 건 전통의 유지라는 이유보다도 셰프로서 식재료의 맛이 특별했기 때문이었다. 다른 닭과는 확연히 다른 풍미와 품질에 매료된 것이다. 한번은 브레스 닭 대신 다른 지역의 시골 닭으로 같은 메뉴를 만들어봤는데 결과물은 많이 달랐다고 한다. 미국에서 메뉴 시연을 할 때 몰래 가져가서 쓸 정도로 브레스 닭이 가지는 식재료의 매력은 비교 불가란 설명이다.
르 슈프렘은 시중에서 손쉽게 구할 수 있는 브레스 닭이 아니라 특정 농가의 것만 사용한

닭 간으로 만든 커스터드 푸딩

생산자 이름이 적힌 브레스 닭

다. 이들도 처음에는 브랜드만 믿고 유통업자가 주는 브레스 닭을 썼는데 매번 퀄리티가 다름을 느꼈다. 브레스 닭의 발에는 생산자의 이름이 적혀 있는데 좋은 품질의 브레스 닭은 항상 특정한 생산자의 이름이 적혀 있었다는 것이다. 같은 브레스 닭이라도 어떻게 사육하고 도축했느냐에 따라 품질에 우열이 있음을 느꼈고 그때부터 좋은 품질을 제공하는 생산자와 직접 거래하는 방식을 선택했다.

르 슈프렘에서 맛본 요리 중 인상적이었던 건 닭 간으로 만든 커스터드 푸딩의 일종인 갸토 드 푸아 블론드(Gateau de Foie Blond)다. 리옹 지방의 전통 요리 중 익힌 닭 간 요리에서 착안한 이 요리는 신선한 닭 간과 달걀, 가슴살, 생크림 등을 곱게 갈아 익혀 만든다. 간은 동물의 내장 중에서도 극도의 풍미를 자랑한다. 르 슈프렘에서는 닭을 소화 기관만 제외하고 머리부터 발끝까지 통째로 들어오는데 그중에는 간도 포함돼 있다. 식재료를 허투루 버리는 부분 없이 활용하기 위해 선택한 요리인 셈이다.

가슴살과 갈아낸 속을 껍질로 말아 익힌
도당 드 볼라이 드 브레스 팍시

닭 껍질을 넓게 펴 바삭하게 구워낸 튀일

원재료의 차이는 최종 결과물의 맛에 큰 영향을 끼치기 마련, 브레스 닭 중에서도 품질에 따라 맛이 다르다는 게 그레고리 셰프의 설명이다. 갸토 드 푸아 블론드의 첫맛은 부드럽지만 서서히 올라오는 진한 풍미가 꽤 매력적으로 다가왔다.

이외에도 닭 껍질을 넓게 펴 바삭하게 구워낸 튀일(Tuile), 가슴살과 부드럽게 갈아낸 속을 껍질로 동그랗게 말아 익힌 도당 드 볼라이 드 브레스 팍시(Dodine de Volaille de Bresse Farcie) 등 탄탄한 껍질을 활용한 요리도 눈에 띄었다. 살코기와 껍질, 내장을 사용하고 난 후 남는 머리와 발, 뼈는 소스의 바탕이 되는 육수로 활용한다. 브레스 닭의 지방은 풍미가 좋아 대개 버리는 내장 지방도 기름 대용으로 쓴다고 하니 말 그대로 머리부터 발끝까지 버릴 게 하나 없는 셈이다.

드롬의 뿔닭과 다양성

브레스에서 차를 타고 남쪽으로 세 시간을 달려 도착한 곳은 프랑스 동남부의 드롬(Drôme) 지방. 이곳에서 만난 닭은 드롬의 명물로 손꼽히는 뿔닭 '팽타드(Pintade)'다. 뿔닭은 엄밀하게는 닭이라고 부르긴 어렵다. 국내에선 호로새로 알려져 있는데 몸통은 통통한 닭 같지만 머리는 조그마한 것이 꿩을 닮았다. 볏(버슬) 대신 머리에 모자를 쓴 것처럼 뿔이 나 있어서 뿔닭이라고 부른다. 일본에서는 호로호로 하며 운다고 '호로조'라 이름 붙였다고 하는데 실제 울음소리는 '끼약끼약'에 가깝다.

뿔닭의 고향은 프랑스가 아닌 서아프리카다. 기니 지역에서 났다고 하여 영어권에서는 기니 닭이라고도 한다. 아프리카에 있던 뿔닭은 대체 왜 유럽까지 건너가게 된 것일까. 여기에 대해서는 흥미를 끄는 설화가 있다. 기원전 2세기 로마제국과 북아프리카의 카르타고가

프랑스 동남부지방 드롬

지중해 패권을 놓고 전쟁을 벌이던 무렵, 카르타고의 장군 한니발은 6만 명이 넘는 군대와 코끼리 부대를 이끌고 지금의 프랑스 드롬 지역을 지났는데 여기서 군수물자로 가져온 뿔닭이 일부 병사들과 함께 탈영하면서 그대로 이 지역에 정착했다는 이야기다. 뿔닭이 언제부터 유럽에 있었는지 정확히 알려진 바는 없다. 로마의 부유층들은 자신들의 정원에 각지의 진귀한 새를 수입해 모으는 취미가 있었다는 것으로 비추어보건대 전쟁통에 우연히 건너왔다는 이야기보다는 이쪽이 훨씬 설득력 있어 보인다.

아프리카가 고향이라 그런지 뿔닭은 추위에 약하다. 그 때문에 뿔닭을 기르는 지역은 유럽에서도 남쪽에 치중해 있는 편이다. 프랑스에서도 남쪽의 드롬 지역, 이탈리아는 토스카나 지역이 대표적인 생산지다. 뿔닭은 야생성이 남아 있어 키우기가 비교적 까다롭다. 드롬 뿔닭도 브레스 닭과 마찬가지로 까다로운 생산 규정이 있다. 알에서 부화한 새끼 뿔닭을 무려 52일 동안 키운 다음 30일에서 최대 40일가량 방목해야 한다. 하루 중 볕이 좋을 때 뿔닭을 풀어놓는다. 가장 많이 소비되는 건 최소 87일 키운 영계 뿔닭이다. 영계라고 해도 무게가

드롬의 명물 뿔닭 팽타드(Pintade)

뿔닭을 이용한 북아프리카식 타진 요리

거의 1.5kg에 달한다.

자유롭게 자란 뿔닭의 맛은 어떨까. 준비된 요리
는 뿔닭의 고향을 반영한 듯 북아프리카식 타진
(Tajine) 요리였다. 타진 요리는 원뿔형으로 길게 생긴 타진이라는 냄비에 재료를 넣고 재료
자체의 수분으로 조리하는 요리를 뜻하는데 조리 방식보다는 들어가는 재료에 더 집중한
듯했다. 다소 이국적인 고수와 고춧가루, 살구를 사용했다.

닭과 비슷하겠거니 하고 한입 베어 무니 뜻밖의 맛에 고개가 갸우뚱해졌다. 익숙한 닭의 맛
은 전혀 나지 않았고 꿩과 같은 야생 조류의 풍미가 진하게 느껴졌다. 강렬한 육향은 종의
특성도 있겠지만 충분히 방목해서 뛰어다닌 이유도 있었다. 방목해서 키운 뿔닭의 육색은
쇠고기를 연상케 할 정도로 진한 붉은색을 띠었다. 우리가 익숙하게 접하는 육계의 가장 붉
은 부분이 분홍빛인 걸 감안하면 두드러지는 특징이다.

전통적으로 유럽의 상류층은 비둘기나 메추라기, 꿩 등 수렵해서 잡은 야생 조류를 미식 식
재료로 선호했다. 하늘에 있기에 어느 동물보다 고상하다는 이유에서였다. 닭과 야생 조류

의 맛 어느 사이에 있는 뿔닭도 즐겨 먹었다고 하는 게 어떤 의미인지 비로소 맛을 보고서야 이해할 수 있었다. 과거에는 일부러 썩기 직전까지 며칠 더 숙성해 '야생의 맛'을 극대화해 맛보는 것을 즐겼다고 하는데 입맛이 다소 섬세

특수 가금류 뿔닭

해진 요즘엔 그리 선호하지 않는 방식이다.

장터나 규모가 큰 마트만 가더라도 가금류의 종류는 네다섯 가지를 훌쩍 넘긴다. 우리의 육계와 토종닭같이 일반 닭과 시골 닭이 있고 거기에 브레스 닭 같은 고급 닭, 그리고 비둘기, 메추라기, 뿔닭과 같은 특수 가금류가 항상 놓여 있다. 닭 아니면 오리가 전부인 우리와는 꽤 다른 풍경이다. 드롬 뿔닭 농장주는 닭보다 신경 쓸 게 많지만 부가가치가 비교적 높다고 전했다. 한국에서도 가금류가 가진 다양한 표정과 뉘앙스를 맛보고 싶다는 건 지나친 바람일까.

스페인의 대형 토종닭 피투 데 칼레야(Pitu de Caleya)

한국에서 손쉽게 구할 수 있는 코니시 크로스 계열의 육계는 한 마리에 1kg 남짓이다. 종종 1+1 행사 중인 닭은 8호, 즉 800g인 경우가 대부분이다. 크다고 하는 토종닭도 대형마트에

서는 11호를 넘기는 경우가 드물고 재래시장에 가야 13호 이상, 운이 좋다면 15호까지 찾아볼 수 있다. 닭을 크게 키우지 않는 이유는 많다. 농가의 생산성 문제도 있지만 크기야 어찌되었건 한 마리를 선호하는 시장, 그리고 이미 작은 닭에 맞춰진 도축 시설 등 여러 이유들이 얽히고설켜 있다.

스페인 아스투리아스 지역의 토종닭 피투 데 칼레야

스페인 아스투리아스 시골 해안가에 위치한 호텔 겸 레스토랑 라파로라 델 말(La Farola del Mar)에서 만난 이 토종닭은 피투 데 칼레야(Pitu de Caleya)는 크다 못해 거대했다. 막시 셰프는 도축 후 무게만 3.5kg에 달하는 거대한 닭을 한 손으로 들어 보이며 미소 지었다. 닭이 아니라 마치 공룡을 보는 듯한 착각을 일으킬 정도이니 한국에서 구할 수 있는 가장 큰 사이즈인 육계는 자라다 만 병아리 취급을 받을 만하달까. 피투 데 칼레야는 2.5kg 정도면 영계로 분류되는데 최대 5.3kg 사이즈로 유통이 된다. 닭이라고 하기에는 실로 무시무시한 무게다.

피투 데 칼레야는 직역하자면 '거리의 닭'이다. 대서양을 마주 보고 있는 스페인 북부 아스투리아스(Asturias) 지방에서는 지역의 토착 종자를 복원하고자 하는 노력이 십수 년 전부터 있어왔다. 그 노력의 결실이 바로 아스투리아스 지역의 이 토종닭이다. 끝이 보이지 않는 드넓은 평야가 펼쳐진 중남부와는 달리 스페인 북부의 지형은 온통 산이다. 환경 변화에 민감한 코니시 크로스 계열의 육계와는 달리 피투 데 칼레야는 높은 지대는 물론 습하고 춥고 비가 자주오는 북부 지방에서도 잘 자라는 특성을 갖고 있다. 지역의 환경에 어울리는 진정한 의미의 토종닭인 셈이다.

이 닭의 농가는 여태껏 본 곳들과는 사뭇 다른 풍경이 펼쳐졌다. 문자 그대로 산골짜기에 야구 경기장이나 골프연습장처럼 녹색 그물을 넓게 쳐놓았다. 그 이유는 역시 산짐승과 날짐승 때문이었다. 검은 깃털에 점처럼 박힌 흰 얼룩만 봐도 튼튼해 보이는 피투 데 칼레야에게 생명의 위협이란 외부의 습격과 운명의 날 말고는 없어 보였다. 피투 데 칼레야는 최소 6개월에서 많게는 2년까지 기른다. 제법 크다고 하는 브레스 거세 수탉 샤퐁(Capon)도 사육 기간이 길어야 8개월인 데에 비하면 오래 기르는 편이다. 성장 속도가 비교적 완만한 품종적 특징 때문이기도 하다.

닭이 클수록 육향이 진해지고 근조직은 치밀해진다. 그 말은 곧 닭은 오래 기를수록 닭 특유의 풍미가 강해지고 식감은 단단해진다는 뜻이다. 브레스 닭이 지방 불리기와 숙성을 통해 그 단점을 극복했다면 피투 데 칼레야는 어떨까. 기대와는 달리 그저 오래 방목해서 키우는 것 말고는 특별히 뭔가를 더하는 건 없었다. 다만 오래 키운 닭에 걸맞은 조리 방식을 사용할 뿐이었다.

막시 셰프(Maxi Blanco)는 피투 데 칼레야를 이용한 요리로 스페인식 닭볶음탕 격인 귀사도(Guisado)를 선보였다. 양파와 피망을 진하게 익힌 다음 와인과 브랜디를 넣고 한 시간 반가량 푹 졸이는 조리법이다. 핵심은 양파와 피망을 타기 직전까지 강하게 캐러멜라이즈하는 데 있다. 닭 자체의 풍미가 강한 만큼 소스의 균형도 강하게 맞추겠다는 의도가 엿보인다. 비교적 단순한 조리법이라 큰 기대를 하지 않았는데 여태껏 먹어봤던 여느 닭 요리보다 훨씬 강하고 진한 풍미를 맛볼 수 있었다. 미쉐린 레스토랑들에서 맛본 브레스 닭이 섬세하고 여성적인 뉘앙스였다고 하면 귀사도 피투 데

1 La Farola del Mar의 막시 셰프
2 피투 데 칼레야를 이용한 스페인식 닭볶음탕 귀사도

칼레야는 그 어떤 요리보다 직선적이고 남성적이었다고 해야 할까. 이미 프랑스에서 먹은 수많은 닭으로 조금은 지쳤던 입맛을 깨우는 요리였다. 아스투리아스 지역 요리대회에서 수차례 우승을 거머쥔 비리 셰프(Viri Fernández)의 피투 데 칼레야 요리도 막시 셰프 요리의 연장선상에 있었다. 콩과 염장 삼겹살, 훈제한 피순대 모르시야에 매콤한 고춧가루 피멘톤을 넣어 끓인 얼큰한 파 바다(Fabada)스튜의 피투 데 칼레야, 귀사도 피투 데 칼레야를 이용해 만든 크로켓(Croquette)에서도 매력을 물씬 느낄 수 있었다. 장시간 조리에도 육향에 뒤지지 않을 만큼 강한 터치를 주는 방법은 오래 키워 풍미가 진한 닭에 대한 아스투리아스 지방 셰프들의 해법인 셈이다.

생산자 입장에서 피투 데 칼레야를 키우는 건 일반 육계를 키우는 것보다는 힘이 더 들고 수익도 적다고 한다. 그럼에도 토종닭 생산을 멈추지 않는 건 일종의 사명감이 있기에 가능한 일이다. 생산성이나 효율을 떠나 그들 스스로 전통을 계승하고 유지하는 데 크나큰 자부심을 느낀다는 것이 피투 데 칼레야 농부의 설명이다. 스페인에서 코니시 크로스 계열의 육계는 1kg당 2유로 정도지만 피투 데 칼레야는 소매점에서 1kg당 14유로에 판매한다. 무려 일곱 배에 달하는 가격이지만 지역의 소비자들은 그 차이를 기꺼이 받아들인다.

지역 농산물 소비에 적극적인 건 셰프들도 마찬가지다. 왜 피투 데 칼레야를 이용한 요리를 하느냐에 대한 질문에 막시 셰프가 말했다.
"셰프들이 원하는 건 다양성입니다. 사람들이 먹지 않으면 피투 데 칼레야는 사라집니다. 거의 사라질 뻔한 식재료를 되살리는 건 생산자와 셰프의 몫입니다."
같은 질문에 비리 셰프는 이렇게 답했다.
"지역의 농산물을 사용하는 건 지역의 문화를 지켜가는 일이기도 해요. 그래서 나는 언제나 피투 데 칼레야를 사용합니다."
전통을 지켜내는 것이 곧 다양성을 확보하는 일이며 거기에서 자부심을 느낀다는 생산자와 셰프들. 여기에 소비자까지 그 가치를 알아주는 스페인 아스투리아스는 얼마나 멋진 동네인가.

빈 캔버스 vs 꽉 찬 캔버스

요리에 있어서 가장 중요한 요소는 무엇일까. 나라마다, 셰프마다 차이는 있겠지만 재료의 풍미를 한층 더 높이는 작업, 즉 감칠맛을 잘 끌어내는 것이 맛있는 요리와 맛없는 요리의 차이를 만들어낸다고 생각한다.

각 문화권마다 감칠맛을 더하거나 끌어내는 재료가 있다. 이탈리아는 토마토와 파르미지아노 레지아노 치즈(Parmigiano–Reggiano), 안초비, 동남아시아는 멸치 액젓 같은 피시 소스(Fish Sauce), 한국과 일본은 멸치나 가쓰오부시, 다시마 등을 이용한 육수인 다시와 각종 장류 등을 들 수 있다. 서양 요리의 교과서 격인 프랑스의 경우 가장 많이 사용하는 것이 닭을 이용한 치킨 스톡(Chicken Stock)이다. 닭에 양파, 당근, 셀러리 등을 넣고 한두 시간가량 끓이는데 주로 다른 요리나 소스에 감칠맛을 더하는 용도로 사용한다.

이러한 치킨 스톡을 두고 '빈 캔버스와 같다'라고 표현한다. 치킨 스톡으로 기본적인 감칠맛을 깔아주면 그 위에 어떤 재료를 사용해도 감칠맛이 부족하다는 소리는 듣지 않는다는 의미이다. 빈 캔버스라는 말은 닭의 장점을 이야기하는 것 같지만 닭 자체의 풍미가 적다는 단점을 드러내는 말이기도 하다. 반면에 닭의 풍미가 강하면 오히려 다른 요리의 풍미를 해칠 수도 있다.

전라남도 광양에서 맛본 토종닭 요리는 닭도 꽉 찬 캔버스가 될 수 있음을 여실히 보여준다. 광양의 지곡 산장은 당일 도축한 토종닭을 숯불구이로 내는 곳이다. 일반적으로 구경하기 힘든 닭 내장까지 구워 먹을 수 있다는 게 매력적이다. 발골 정형한 닭의 육색은 육계와 비교할 수 없는 정도로 붉고 진했다. 강한 육색의 토종닭으로 요리한 숯불구이의 맛은 그동안 한국 어디서도 맛보지 못했던 닭 본연의 풍미를 충실히 보여주는 듯했다. 신선함도 중요하지만 무엇보다 닭 자체의 풍미가 부족하면 느낄 수 없는 맛이다.

해남에 위치한 장수 통닭은
4개월 이상 키운 3kg 이상의
토종닭으로 닭 가슴살 육회
부터 양념 주물럭, 백숙과 죽
을 선보이는 곳이다. 그날 도
축한 신선한 닭이기에 육회
로 먹어도 큰 문제가 없다.

광양 지곡산장 숯불구이 토종닭

흥미로운 건 닭 한 마리 부위별로 코스 요리가 나온다는 점이다. 이렇게 다양한 방법의 닭
요리를 만들어낸 것도 어떻게 하면 한 마리를 통째로 활용할 수 있을까 하는 고민에서 나왔
다고 한다.

셰프로서 부끄럽지만 그동안 닭 요리는 관심사 밖이었다. 우
선 너무 흔하다는 것과 자체의 풍미가 옅어 식재료로서의 매
력이 떨어진다고 생각했기 때문이다. 전남 광양과 해남에서
맛본 두 토종닭 요리는 닭도 소나 돼지와 비교해 전혀 풍미가
떨어지지 않는, 제 몫을 온전히 하는 식재료가 될 수 있다는
걸 보여줬다.

토종닭을 이용한 다양한 요리를 선보이는
해남 장수 통닭

날아오르는 닭

하늘을 나는 구엄 닭

날개는 있으나 날지 못하는 슬픈 새들이 있다. 의외로 많은 종이 있지만 우리에게 친숙한 건 닭, 타조, 펭귄 정도라고 할까. 날 필요가 없어서 날개가 퇴화된 경우가 있는 반면 날개가 있지만 애초부터 날지 못하도록 유전적으로 진화한 경우도 있다. 나는 데 특화된 다른 새들에 비해 몸집이 비대한 조류가 여기에 해당한다. 닭도 날개에 비해 몸통이 유난히 크다. 날개를 퍼덕이면 높은 점프는 가능하지만 새처럼 유연한 비행은 하지 못한다고 알고 있다.

제주에서 만난 구엄 닭은 이런 상식을 산산이 깨부수었다. 닭도 날 수 있다. 구엄 닭은 우리가 일반적으로 떠올리는 육계에 비해 체구가 작고 날개가 크다. '닭 쫓던 개가 지붕 쳐다본다'는 옛 속담은 아마도 구엄 닭을 두고 한 말이 아닐까도 싶다. 구엄 닭은 한국에 몇 안 되는 토종닭 중 하나다. 일제강점기 시절 생산성이 뛰어난 개량 닭이 조선에 들어와 토종닭이 밀려나는 일이 있었다. 육지의 토종닭들이 사라져갈 때 육지와 멀리 떨어진 제주 구엄에는 아직 조선의 토종닭 혈통을 가진 닭이 남아 있었다. 거의 사라져갈 뻔했던 구엄 닭은 농가에 의해 사육돼 지금은 2만여 마리가 제주도 땅에서 그 명맥을 잇고 있다.

구엄 닭은 작다. 30일이면 1.5kg이 넘게 자라는 육계와 달리 10개월을 키워도 1kg이 조금 넘을까 말까다. 닭을 오래 키웠는데 몸집이 작다는 건 곧 수익성이나 효율과는 머나먼 거리가 있다는 이야기와도 같다. 생산자 입장에서 굳이 키워야 할 이유가 없는 셈이다. 구엄 닭을 키우는 농가의 대표는 어려워도 제주의 전통을 지켜나가고 싶다고 한다. 그 말을 들으니 아스투리아스의 토종닭 생산자가 떠올랐다. 생산성이나 효율과는 별개로 전통을 이어나가는 자부심으로 토종닭을 키우고 있다는 이야기다. 아스투리아스와 한국의 상황을 비교하자면 전통의 식재료를 가지고 요리하는 셰프와 그것에 가치를 두는 소비자가 한국에는 없다는 점이다.

'사람이 먹어야 오히려 멸종 위기에서 구할 수 있다'는 말이 있다. 역설적이지만 상당히 일리 있는 이야기다. 소비가 있어야 지속적인 생산이 가능하다. 구엄 닭을 소비하는 소비자가 있다면 생산자로서 어려울 일이 없다. 문제는 구엄 닭의 식재료적 가치를 누구도 알지 못한다는 것이다. 제주 주민이나 닭을 파는 상인들조차 구엄 닭이란 이름을 처음 들어보았다는 이가 부지기수였다. 과연 구엄 닭은 식재료로서 어떤 가치를 갖고 있을까.

닭 본연의 맛을 가장 잘 느끼는 조리법은 역시 소금만 살짝 뿌린 후 불 위에서 굽는 방법이다. 10개월을 키운, 도체량 900g이 되는 구엄 닭 한 마리를 석쇠에 넣어 통째로 숯불에 구웠다. 눈으로 보이는 특징은 정말 작고 육색이 상당히 붉다는 점이다. 마당에서 뛰어놀고 날아오를 수 있는 힘이 온몸의 붉은 근육에서 나오는 듯했다. 여태 봐왔던 토종닭들과는 확연한 차이를 보였다. 잘 구워진 구엄 닭 숯불구이를 입안에 넣었다. 충분히 맛을 음미한 후 내

린 결론은 '이건 닭이 아니다'다. 여태 알고 있던 닭의 맛과는 다른, 뿔닭이나 다른 야생 조류의 풍미와 가까운 맛이었다. 다른 점이 있다면 야생 조류 특유의 진하고 날카로운 맛 대신 씹을수록 고소한 감칠맛이 부드럽게 느껴진다고 할까.

10개월 이상 기른 이유 때문인지, 종의 특성인지는 명확히 알 수 없지만 적어도 셰프로서 탐낼 만한 독특한 식재료임에 틀림없었다. 마치 백사장에서 진주를 발견한 기분이랄까. 너무 질겨지거나 퍼석해지지 않게 특성을 잘 드러내는 방식으로 조리한다면 세계 어디에 내놓아도 손색이 없는, 한국만의 식재료라 불릴 가능성을 보았다. 사명감으로 좋은 식재료를 생산하는 생산자는 이미 존재하고 있다. 구엄 닭의 미래는 이제 셰프와 소비자에게 달려 있다. 언젠가 가판대에서 육계와 토종닭 옆에 나란히 구엄 닭이 놓여 있는 날이 오길 바란다.

구엄 닭 숯불구이

닭을 자세하게 먹는 법

한국인들이 닭을 한 마리 통째로 먹는 데 익숙
하다면 일본인들은 부위별로 먹는 데 더 익숙
해 보인다. 숯불 위에 닭고기 꼬치를 열심히 굽
는 장면은 일본 하면 떠오르는 이미지 중 하나
다. 그냥 닭꼬치가 아니라 모모(넓적다리 살), 테
바사키(날개), 사사미(가슴살), 카와(껍질) 등 부위
를 최소 단위로 분할해 각각의 식감과 풍미를

다양한 부위별로 먹는 일본 닭꼬치

제대로 살려 요리한다. 역시 디테일이 강한 일본다운 조리법이라 하겠다.

우리가 토종닭이라고 부르고 시장이나 마트에서 흔히 볼 수 있는 닭은 상업적으로 사육하
고 판매할 수 있도록 개량된 실용계에 해당한다. 한협3호와 우리 맛닭이 여기에 해당한다.
이외에 지역의 재래닭을 복원하거나 품종을 관리한 닭들이 있다. 청리, 구엄, 연산오계, 고
센, 현인 닭 등이다. 우리가 육계 이외에 10종이 안 되는 토종닭을 보유하고 있는 데 비해 일
본은 '지도리'라고 하는 지역별 토종닭이 무려 100종이 넘는다. 전국구 명성을 갖고 있는 토
종닭은 한 손에 꼽을 정도인
데 그중 하나가 바로 나고야
현의 나고야 코친이다.

일본 나고야 지역 재래닭과 중국 코친 품종을 교배한 나고야 코친

나고야 코친은 1882년 나고
야 인근 고마키 지역에서 중
국의 코친 품종과 나고야 지
역의 재래닭을 교배한 것이
시초다. 흥미로운 건 일본도

프랑스와 마찬가지로 지역성을 중요하게 여긴다는 점인데 브레스 닭이 품종뿐 아니라 브레스 지역에서 나고 자라야 하는 것처럼 나고야 코친은 반드시 나고야 지역에서 기른 것만이 나고야 코친이라는 이름을 붙일 수 있다. 우리가 지역보다는 품종에 관심을 두는 것과는 차이가 난다.

부위별로 닭을 판매하는 일본 마트

4~5개월 기른 나고야 코친은 육계에 비해 두 배가량 비싸고 무게도 많이 나간다. 시중에서 구할 수 있는 나고야 코친은 18~19호 정도로 꽤 큰 사이즈다. 한국 같으면 통째로 팔겠지만 시장이나 마트에서는 부분육으로 팔린다는 점이 재미있다. 통째로 사 가는 건 야키토리를 파는 식당 정도다. 충분히 오래 자란 탓에 육계에 비해 풍미가 강해 야키토리용으로는 제격일 뿐 아니라 한 마리를 사도 수율이 많이 나오니 식당 입장에서는 어찌 보면 최선의 선택이다. 이 밖에도 일본에서는 닭의 심장과 간도 매대에 함께 놓는다. 변질 등 위생 문제로 소

매 유통이 거의 막혀 있는 우리와는 판이하게 다른 풍경이다.

나고야 코친의 생김새는 우리나라의 한협3호와 꽤 닮아 있다. 정형한 후의 모습으로 비교하자면 날개가 더 통통하고 가슴살은 좀 더 넓게 퍼져 있다. 다리가 길고 가슴살과 날개 살이 빈약한 한협3호와 비교하면 좀 더 균형 있는 모양새다. 발골하는 과정을 지켜보던 중 눈이 휘둥그레지는 순간이 있었다. 바로 세세리라 불리는 목살을 떼어내는 장면이었다. 작은 칼로 순식간에 목에 붙은 살을 세세하게 베어내는 모습은 가히 감탄이 나올 정도였다. 뼈에 붙은 살 하나까지 놓치지 않고 깔끔하게 손질하는 모습은 분명 장인의 솜씨라 할 만했다.

세세하게 발골 정형된 나고야 코친은 야키토리 식당과 닭 요리 전문점 등으로 향한다. 이곳에서도 역시 닭을 회로 먹는 문화가 있다. 가슴살과 다리 살, 모래집을 육회로 내는데 서로 다른 식감을 비교하며 음미하는 것이 꽤 흥미롭다. 일본인들이 야키토리 말고 닭을 즐기는 대중적인 방법은 나베와 전골이다. 각각 뉘앙스는 다르지만 닭의 풍미를 국물에 담아낸다는 점에서는 동일하다. 닭볶음탕처럼 한번에 모든 부위를 넣고 끓이는 게 아니라 흰 살과 붉은 살, 껍질 등 부위별로 순차대로 맛보는 것도 우리와는 다른 풍경이다. 어떤 조미를 하는지 상관없이 모든 코스 요리에서 닭의 맛이 선명하게 느껴지는 건 오래 키우고 뛰어다니며 큰 나고야 코친이기에 가능한 일이었다. 닭의 가치는 닭 자체에도 있지만 부분 부분 맛을 구분해서 소비자에게 또 다른 가치와 의미를 부여하게 만드는 것, 위대(胃大)한 계발자(鷄發者)의 마지막 여정지인 일

본 나고야에서 배운 점이다.

나베로 즐기는 나고야 코친 요리

토종닭 샌드위치

식빵 사이에 닭 다리 살, 토마토, 베이컨, 달걀 등 다양한 재료가 들어가는 영양만점 샌드위치입니다.
자연에서 맘껏 뛰놀며 자란 토종닭을 사용해 샌드위치에 더욱 쫄깃한 식감을 더했습니다. __by 최현정

주재료

팬 프라이 다리 살 1개, 식빵 0.7cm 3장

recipe

1 냄비에 달걀을 넣고 달걀이 잠길 듯 찬물을 부어 물이
   끓기 시작하면 중약불로 줄인다. 11분간 삶은 후에
   흐르는 찬물에 담가 식힌 후 껍질을 벗겨 4~5등분으로
   얇게 썰어준다.

2 달군 팬에 베이컨을 넣고 노릇하게 굽는다.

3 토마토는 0.5cm 두께의 원형으로 썰어 키친타월에
   올린 후 수분을 제거하고, 소금과 후춧가루로 밑간을
   한다.

부재료

달걀 1개, 베이컨 2장, 토마토 ½개, 로메인 3장, 마요네즈
30g 버터, 소금, 후춧가루, 고정핀

Tip 마요네즈 대신 마늘을 넣은 아이올리 소스를 사용하면
토종닭의 풍미가 더욱 좋아집니다.

4 로메인은 깨끗하게 씻어서 물기를 제거한다.

5 식빵 3장을 토스터에 2분 정도 굽는다. 1장의 식빵은
   양면에, 2장의 식빵은 한 면에는 버터, 한 면에는
   마요네즈를 발라준다.

6 다리 살은 길게 3등분 하고, 각각의 재료를 식빵 위에
   올린다.

7 식빵의 네 면에 고정 핀을 꽂고 X자로 4등분하여
   잘라준다.

토종닭 룰라드

넓게 편 토종닭 다리 살 위에 치즈로 맛있게 양념한 시금치를 올려 돌돌 만 미트롤입니다. 담백하면서
깊은 풍미의 조금은 색다른 토종닭 요리를 즐길 수 있습니다. __by 장준우

주재료

토종닭 통구이용 1팩(혹은
한마리)

부재료

시금치(1줌=100g), 빵가루
20g, 마늘 반쪽, 버터 100g,
엑스트라 버진 올리브유
10g, 파르미지아노
레지아노 치즈 15g, 타임,
파슬리, 소금, 후춧가루 약간

가니시용 재료

루꼴라(1줌=100g),
방울토마토 2~3개,
적양파 ½개

소스

올리브유, 홀그레인
머스터드, 마요네즈, 소금,
후춧가루

recipe

1 토종닭의 껍질과 다리 살을 분리한다. (이때 껍질이
손상되지 않도록 주의한다.)

2 팬에 올리브유를 두르고 다리 살에 소금과 후춧가루로
간을 한 후 노릇하게 구워 세로로 길게 썰어준다.

3 팬에 다진 마늘, 시금치를 넣고 볶으면서 소금과
후춧가루로 간을 해준다.

4 시금치를 건져낸 팬 위에 빵가루 반을 넣고 노릇해질
때까지 토스팅 해준다.

5 둥근 그릇에 볶은 시금치를 다져 넣고, 남은 빵가루,
파르미지아노 레지아노 치즈, 엑스트라 버진 올리브유,
타임을 넣고 포크로 잘 섞어준다.

6 도마에 랩을 깔고 가슴살 올린 후 랩 한 장을 더 씌운
후 방망이 같은 도구를 이용해 살을 얇게 펴준다. 이후
준비한 속재료를 올린다. 평평하게 편 살은 기포가
생기지 않도록 랩으로 감싼 후 양끝을 잡은 후 매듭을
지어 룰라드를 만들어준다.

7 냄비에 물을 넣고 바닥에 기포가 생기기 시작할 때까지
끓인다. 기포가 생기면 물이 끓어오르지 않도록 불을
최대한 낮춘 후 룰라드를 넣어 10분간 익히고 3분간
식힌다.

8 팬에 버터를 올리고 룰라드를 넣어 골고루 시어링
해주고, 먹기 좋은 크기로 잘라 가니시와 함께 접시에
낸다.

토종닭 버섯크림 리소토

볶은 쌀을 버터와 닭육수로 익혀낸 리소토 레시피를 소개합니다. 버섯의 향이 그대로 살아있는 리소토 위에 치즈를 뿌려 풍미도 함께 즐겨보세요.__by 장준우

주재료
토종닭 다리 살 또는 가슴살 1개, 쌀 120g

부재료
토종닭 육수 500ml, 표고버섯(다른 버섯으로 대체 가능) 100g, 화이트 와인 15ml, 양파 25g, 마늘 ½쪽, 버터 20g, 파르미지아노 레지아노 치즈 20g, 생크림 20g, 올리브유, 소금, 후춧가루

recipe

1 양파와 표고버섯은 잘게 썰어 준비한다. (푸드프로세서 다지기 이용 가능)

2 냄비에 올리브유를 두르고 양파와 마늘을 볶는다.

3 양파가 투명해지면 표고버섯을 넣고 2~3분간 중불에 볶는다.

4 씻지 않은 쌀을 넣고 같이 볶아주면서 소금으로 간을 한다.

5 화이트 와인을 넣고 더 볶은 후 뜨거운 토종닭 육수를 절반 정도 붓고 약불에서 천천히 저어준다.

6 팬에 올리브유를 두르고 토종닭을 굽는다.

7 쌀이 육수를 흡수해 물기가 없어지면 나머지 육수를 부어 끓인다.

8 쌀이 알덴테로 익으면 불을 끄고 생크림과 버터를 넣어 빠르게 섞어준다.

9 파르미지아노 레지아노 치즈를 가루 내어 뿌리고 후춧가루로 간을 해준다.

10 그릇에 리소토를 담고 그 위에 구운 토종닭을 올려 준다.

주빠 디 뽈로(Zuppa di Pollo)

따뜻한 닭 육수가 인상적인 이탈리안 수프 요리입니다. 스파게티 면이 더해져 한 끼 식사로도
제격입니다. __by 장준우

주재료

토종닭 1마리, 스파게티 면 40g

부재료

양파 1개, 당근 3개, 감자 1개, 셀러리 1단,
엑스트라 버진 올리브유, 소금, 후춧가루 약간

recipe

1 깨끗하게 씻은 토종닭과 양파, 당근, 감자, 셀러리를
냄비에 넣는다.

2 토종닭과 채소가 잠길 정도 물을 붓고 뚜껑을 덮지
않은 채로 2시간 동안 삶는다. (삶는 동안 팔팔 끓지
않도록 끓기 시작하면 중약불로 둔다.)

3 스파게티 면은 손가락 한마디 정도 길이로 끊어준 후
다른 냄비에 삶는다.

4 토종닭과 채소를 채로 건져내 먹기 좋은 크기로 잘라
준다.

5 국물에 소금과 후춧가루로 간을 하고 토종닭, 채소를
넣어준다.

6 먹기 직전 엑스트라 버진 올리브유를 약간 뿌려 준다.

토종닭 까수엘라

까수엘라는 스페인어로 냄비 요리라는 뜻입니다. 품질 좋은 올리브유를 듬뿍 넣어 만든 이 요리는
토종닭을 조금 색다르게 즐기기에 제격입니다. 빵과 함께 곁들여 보세요._by 신민섭(홍대 루블랑 오너 셰프)

주재료

토종닭 통구이용 1팩

부재료

마늘 5개, 홍피망 1개, 방울토마토 3개, 양송이버섯 2개,
페페론치노 1개, 바게트 1개, 엑스트라 버진 올리브유
300ml, 참기름 30ml, 로즈마리 1줄, 소금, 후춧가루

recipe

1 다리 살과 가슴살 부분을 분리한다. 다리 살은 껍질이 붙어 있는 채로, 가슴살은 껍질을 떼어낸 후 남은 껍질과 함께 한
   입 크기로 자른다.

2 넓적한 냄비(까수엘라) 또는 프라이팬에 다리 살을 껍질 쪽부터 올려 기름을 낸다.

3 팬에 엑스트라 버진 올리브유와 참기름을 넣고 약불로 낮추어 데운다.

4 마늘은 칼등으로 크게 으깨고, 피망, 방울토마토와 양송이버섯은 4등분 한다.

5 엑스트라 버진 올리브유가 절대 끓지 않도록 주의하면서 가슴살을 제외한 나머지 재료를 모두 넣고 10분간 저어가며
   익힌다.

6 마늘이 물러질 정도로 익으면 가슴살과 페페론치노를 넣고 약불에서 10분간 익혀준다.

7 소금과 후춧가루로 간을 하고 그릇에 담아 빵과 함께 낸다.

닭고기 크림수프

가벼운 아침식사 혹은 점심식사를 원한다면?
다소 퍽퍽하게 느껴지는 닭 가슴살을 조금 더 부드럽게 즐길 수 있는 닭고기 크림수프 레시피를
소개합니다.

주재료
작게 자른 가슴살 또는 다리 살 1~2컵

부재료
버터 50g, 밀가루 75g, 올리브유 1Ts, 마늘 3개,
양파 1개, 당근 1개, 파프리카 1개, 닭육수 500ml, 우유
750ml, 월계수잎 1장, 생크림, 소금, 후춧가루, 마늘 파우더

recipe

1 마늘, 양파, 당근, 파프리카는 먹기 좋게 썬 뒤 올리브유를 두르고 볶는다.
2 냄비에 버터, 밀가루를 넣고 루를 만든다.
3 루에 닭육수와 우유를 넣고 끓인다.
4 가슴살과 볶은 채소, 월계수잎을 넣고 끓인다.
5 마지막에 생크림으로 농도를 맞춘다.
6 소금, 후춧가루, 마늘 파우더로 간을 한 뒤 완성한다.

우리나라의 토종닭

1. 한협 토종닭

(사)한국토종닭협회에서 인정하는 우리나라의 식용 토종닭은 총 세 종류가 있다. 그중 시중에서 가장 쉽게 구할 수 있는 토종닭이 바로 한협 토종닭이다. 마트에 가서 특별한 품종 표시 없이 '토종닭'이라고 쓰여 있으면 한협 토종닭일 가능성이 가장 높다. 한협 토종닭은 1호부터 8호까지 존재하는데 3호가 가장 인기 있다. 보통 72일에서 76일 정도 사육하며, 농장에 따라서는 90일까지 큰 닭으로 사육하는 곳도 있다. 다리가 늘씬하게 길고 강건하다. 깃털은 몸통은 황금 갈색이며 꼬리 부분은 위로 솟은 검게 빛나는 색을 가졌다. 다리의 색은 대체로 밝은 노란색이다. 일반적인 육계에 비해 가슴살이 얇고 길게 분포되어 있다. 도톰하고 쫄깃한 껍질과 단단한 육질이 구워 먹었을 때 매력적인 특성을 가지고 있다.

2. 우리맛 토종닭

우리맛 토종닭은 농촌진흥청 산하 국립축산과학원에서 복원한 토종닭이다. 1992년부터 무려 15년간 공들여 복원했다. 보통 74일을 전후로 사육하며 껍질이 얇고 지방이 적은 것이 특징이다. 끓였을 때 토종닭 특유의 구수한 국물 맛이 나는 것이 특징이며 콜라겐 함량이 높은 편이라 육질이 쫄깃하다. 한협3호에 비해 짙은 눈, 짙은 다리 색, 그리고 깃털도 더 짙은 갈색을 가졌다. 몸통은 한협 토종닭과 비슷한데 꼬리 부분이 상대적으로 짧다.

3. 소래 토종닭/소래 오골계

소래 토종닭은 2016년 (사)한국토종닭협회로부터 토종닭으로 인정받았다. 소래닭은 한반도 토착 품종은 아니지만 외래 전파된 닭이 오랜 기간 한반도에 머물면서 자연 선택 등에 의해 한반도에 적응한 품종으로 초기에 전파된 닭과는 다른 특성을 지녔다. 소래 토종닭은 계통이 두 개가 존재하는데 일반 소래 토종닭과 소래 오골계다. 소래 토종닭은 대체로 깃털이 한협 토종닭이나 우리맛 토종닭보다는 어두운 암갈색이며, 소래 오골계는 흑색인 것이 그 특징이다. 소래 토종닭은 백숙용으로 주로 활용되고, 소래 오골계는 백숙, 삼계탕용뿐만 아니라 독특한 육질 때문에 숯불구이용으로도 소비되고 있다. 소래 토종닭은 한협 토종닭이나 우리맛 토종닭보다 조금 더 빨리 자라는 특성을 가지고 있다.

조아라 농장의 건강하고 특별한 닭

소고기와 돼지고기를 먹을 때 사람들은 맛에 대한 표현 중 하나로 '육향이 좋다'라고 이야기한다. 그런데 닭고기를 먹을 때 '육향'을 이야기한 적이 있었던가? 닭은 육향이 없어서일까? 그렇지 않다. 닭도 엄밀히 육향이 있다. 하지만 우리가 먹는 닭은 한 달이 채 지나지 않아 도축하기 때문에 육향이 생기기도 전에 먹는 셈이다. 소고기도 태어난 지 얼마 안 된 송아지의 상태로 도축해 먹으면 살은 더 연하지만 소고기 특유의 육향은 거의 느껴지지 않는 것과 비슷한 이치다. 닭도 마찬가지다. 닭도 오래, 천천히 기르면 닭 특유의 육향이 생긴다.

닭의 나라 프랑스에서 토종닭(Poulet Fermier, 직역하면 시골닭)에 대한 규정을 살펴보면 첫 번째는 이렇게 정의되어 있다. '토종닭이란 천천히 자라는 품종의 닭을 의미한다.' 그리고 80일 이상 오래 길러야 한다고 되어 있다. 품종적 특성과 더불어 오래 기르니 덩치도 크고 육향도 살아 있다. 우리나라에서 일반 닭은 보통 30일 정도, 토종닭은 72~76일 정도 기른다. 두 배 이상 기르는 것이다. 하지만 조아라 농장에서는 토종닭을 무려 90일 또는 그 이상 기른다. 가히 대한민국 토종닭의 끝판왕이라 할 수 있다.

조 아 라 의 토 종 닭 은 왜 다 를 까 ?

조아라 농장에서는 한협 토종닭을 기른다. 그리고 좋은 먹이를 먹인다. 먹이를 '사료'라고 표현하지 않는 이유가 있다. 농장 인근의 야산에서 직접 채취한 여러 가지 허브와 솔잎, 버섯, 약재 그리고 쌀겨, 깻묵 등을 황토와 함께 발효시킨 건강한 먹이를 닭에게 먹인다. 그래서 일반적인 닭과는 육질, 육향이 완전히 다르다.

그리고 조아라 농장에서는 닭이 일정 일령에 달하면 바깥에서 완전 자연 방사를 시킨다. 푸른 하늘 아래에서 마음대로 뛰어놀며 잔디와 흙을 쪼고,

또 벌레도 잡아 먹으면서 자란다. '원래 토종닭은 그런 거 아니야?'라고 생각할 수도 있지만 그렇지 않다. 대부분의 육계와 토종닭은 계사 내에서는 키우지만 완전 자연 방사를 하는 곳은 매우 드물다. 완전 자연 방사를 하게 되면 닭이 운동을 하기 때문에 체중이 쉽게 늘지 않는다. 그렇게 되면 농장에서는 아무래도 효율이 떨어지게 마련이다. 사료는 바로 비용이기 때문이다. 그러나 조아라 농장은 건강한 닭을 키우기 위해, 결과적으로 더 좋은 육질과 육향을 위해 완전 자연 방사를 고집한다. 그래서 한번 이곳 토종닭을 맛본 이들이 계속해서 조아라 농장의 토종닭을 찾는 이유다. 천천히, 오래, 제대로 기른 닭은 그 맛이 매우 특별하기 때문이다.

조아라 토종닭 더 맛있게 먹기

조아라 농장에서는 뼈를 모두 발골해 스테이크처럼 구워 먹을 수 있게 손질해 판매하는 토종닭 스테이크가 인기 제품이다. 두툼하고 쫄깃한 껍질과 토종닭임에도 부드러운 가슴살 덕분에 토종닭은 무조건 '백숙!'의 공식을 벗어나 다양한 레시피를 시도할 수 있다. 조아라 농장의 조성현 대표가 직접 만든 토종닭 알리오 올리오 파스타는 먼저 토종닭을 앞뒤로 맛있게 구워낸 뒤 남은 닭기름에 편으로 썬 마늘과 페페론치노 혹은 마른 붉은 고추를 넣고 매콤하게 향을 낸다. 그런 다음 삶은 파스타와 면수를 조금 붓고 소금 혹은 진간장으로 간을 한 뒤 그릇에 담아 구워낸 토종닭 스테이크를 먹기 좋게 썰어 올리면 색다른 토종닭 메뉴를 맛볼 수 있다. 좋은 사료를 먹인 토종닭은 육향은 물론이고 닭의 지방까지도 매우 고소하고 그 맛이 남다르다.

77

닭묵은지찜

겨울에 담근 김장 김치는 시간이 지나면 물러지고 묵은 맛이 나기 마련이죠. 그 독특한 맛이 요리에
더해져 감칠맛이 납니다. 닭묵은지찜은 김치 자체에 양념이 배어있기 때문에 추가되는 양념이 비교적
적고, 조리법 또한 간단하답니다.

4인분

주재료
토종닭 1마리, 묵은지 ½포기

부재료
묵은지 국물 1½컵, 양파 1½개,
대파 흰부분(40cm), 청양고추 2개,
물 2½컵

양념재료
설탕 200g, 국간장 150g, 된장 150g,
다진 마늘 50g, 다진 생강 50g,
고춧가루 300g

recipe

1 끓는 물에 손질한 토종닭과 녹차 티백을 넣고 한번
   데친다. (토종닭 손질 시 간간이 털이 있으니 확인하고
   제거하도록 한다.)

2 양파는 두껍게 슬라이스, 대파는 통으로 길쭉하게,
   청양고추는 어슷썬다.

3 양념재료를 고루 섞어 양념을 만든다(기호에 따라
   토종닭 안에 삼계탕 재료를 넣어도 된다.).

4 냄비에 토종닭과 묵은지, 양념을 넣고
   끓인다(묵은지에서 군내가 나면 설탕을 첨가한다.)

5 물이 끓어오르면 중불로 은은하게 1시간 정도 끓인다.

매콤 닭갈비

양념장에 재운 닭갈비를 채소와 함께 볶았습니다. 먹고 남은 닭갈비에 김치와 각종 채소를 다져 넣고 김가루와 참기름으로 양념을 해 밥을 볶아 먹기도 좋답니다.

4인분

주재료
다리 살 800g

부재료
양배추 100g, 양파 ½개, 고구마 ½개,
새송이버섯(1개=60g), 청양고추 2개,
깻잎(1줌=60g)

양념재료
고추장 3Ts, 고춧가루 4Ts, 간장 4Ts,
다진 마늘 2Ts, 청주 2Ts, 미림 2Ts,
설탕 1Ts, 매실액 2Ts, 참기름 2Ts, 다진
생강 1Ts, 후춧가루, 깨 약간

recipe

1 양념재료를 볼에 전부 넣어 양념을 만든다.

2 다리 살을 먹기 좋은 크기로 썬다.

3 양배추, 양파, 고구마, 새송이버섯, 깻잎을 슬라이스로 썰고, 청양고추는 어슷하게 썬다.

4 다리 살에 양념을 넣고 주물러준다. (최소 1시간 최대 하루 재움)

5 팬에 기름을 두르고 양념된 토종닭과 고구마를 넣어서 익힌 다음 깻잎을 제외한 채소를 모두 넣고 볶는다.

6 그릇에 옮겨 담은 후 깻잎을 올리고 깨를 뿌려준다.

닭가슴살냉채

닭고기의 부위 중 살코기의 양은 가장 많으나 지방은
적고, 단백질이 풍부한 가슴살로 만들어보았습니다. 특히
토종닭 가슴살은 쫄깃한 식감이 좋죠. 겨자의 알싸한 맛에
코끝이 찡해지지만 담백한 맛에 젓가락이 멈추지 않게
될걸요?

초계국수

함경도와 평안도 지방의 전통음식인 초계탕에서 유래한 음식으로, 식욕이 떨어지는 여름철에
딱 어울리죠. 초계국수는 차게 식힌 닭 육수에 식초와 겨자로 간을 하고 살코기를 얹어 먹는
메밀국수입니다.

닭가슴살냉채

주재료
가슴살 4개

부재료
오이 1½개, 양파 1½개, 양배추 300g, 파프리카 1개, 깻잎 2장, 검정깨 약간

양념재료
물 4Ts, 진간장 4Ts, 다진 마늘 2Ts, 연겨자 2Ts, 매실청 2Ts, 식초 8Ts, 올리고당 6Ts

recipe

1 가슴살을 삶아서 식혀둔다.

2 채소는 5cm 길이로 채 썰어주고, 양파는 물에 담가 준다.

3 양념을 만들고, 식은 가슴살을 적당한 두께로 찢어준다.

4 접시에 채소들을 깔아주고 토종닭을 올려준 후 그 위에 양념을 뿌려준다.

5 기호에 따라 검정깨나 다진 땅콩을 뿌린다.

초계국수

주재료
토종닭 1마리, 육수

부재료
지단 50g, 오이 ½개, 양파 ¾개, 쌈무 140g, 당근 ½개, 메밀면(1인 150g), 녹차 티백 1팩, 마늘, 황기 약간, 인삼 1뿌리, 대추 3개, 당귀 약간, 엄나무 약간, 검정깨 약간

양념재료
간장 1Ts, 다진마늘 ½Ts, 설탕 ½Ts, 식초 1Ts, 연겨자 1Ts

육수 재료
국간장 1Ts, 설탕 1Ts, 소금 1Ts

recipe

1 냄비에 토종닭과 황기, 당귀, 인삼, 대추, 마늘, 엄나무를 함께 넣고 은은하게 삶아준다.

2 오이와 양파는 5cm 길이로 채 썰어준다.

3 냄비에서 토종닭과 재료들을 건져낸 후 살과 뼈를 분리시키고 살을 찢어준다.

4 육수에 소금으로 간을 하고 식혀준다.

5 익은 토종닭과 채소는 양념을 넣고 주물러준다.

6 메밀면은 삶은 후 찬물에 잘 행군다.

7 그릇에 면과 육수를 넣고 그 위에 양념된 토종닭을 올려준다.

8 고명으로 지단과 검정깨를 올린다.

닭개장

한여름 더위에 지친 몸을 보하기 위해 찾는 따끈한 보양식인
닭개장은 닭고기와 갖은 채소를 넣어 매콤하게 끓여낸 국물
요리입니다. 황기와 인삼, 당귀 등 각종 한약재와 함께
끓여내 깊은 맛을 느낄 수 있습니다.

82
닭개장

4인분

닭개장

주재료

토종닭 1마리

부재료

부추 ½단, 대파 1뿌리, 삶은 고사리
(6줌=300g), 무 200g 숙주
3줌(=150g), 청양고추 1개, 녹차 티백
1팩, 마늘, 황기 약간, 인삼 1뿌리, 대추
3개, 당귀 약간, 엄나무 약간

양념재료

고춧가루 5Ts, 국간장 3Ts,
다진 마늘 1Ts, 들기름 2Ts, 청주 4Ts,
소금, 후춧가루

recipe

1   냄비에 토종닭과 황기, 당귀, 인삼, 대추, 마늘, 엄나무, 녹차
    티백을 함께 넣고 은은하게 삶아준다.

2   양념을 만든다.

3   부추, 대파, 무는 먹기 좋은 크기로 썬다.

4   냄비에서 토종닭과 재료들을 건져낸 후 살들과 **뼈**를
    분리시키고 살코기는 찢어준다. 살과 고사리에 양념을 넣고
    주물러준다.

5   육수에 무와 양념된 토종닭을 넣고 은은하게 끓여준 후
    마지막에 대파, 부추를 넣고 5분 정도 더 끓인다.

위대胃大한 계鷄발자 팀이 탐사한 세계의 토종닭

프랑스 : 브레스(Bresse) 토종닭

프랑스 중부 브루고뉴 남쪽 끝 브레스(Bresse) 지역의 토종닭. 붉은 볏과 하얀 몸통. 그리고 파란색 다리로 프랑스 국기를 상징. 프랑스 국민의 사랑을 한 몸에 받고 있는 토종닭이다. 반드시 방목해서 길러야 하며 먹이 역시 이 지역에서 나는 농산물과 우유의 유청만을 먹고 자라야 브레스 닭이라고 부를 수 있는 까다로운 사육 규정을 가지고 있다. 깊은 육향과 부드러운 육질로 전 세계 닭의 여왕이라고 불리며 이 지역의 사람들은 브레스 닭을 도축 후 최소 1~3주간 저온 건조 숙성해서 근육 내에 지방이 고루 퍼지게 만들어 먹는 문화를 가지고 있다. 보통 도축 후 중량 2kg 내외 크기의 닭으로 요리한다. 그러나 연말 가족 음식으로 먹는 거세한 브레스 수탉 샤퐁(Capon)은 4kg 넘게도 키우며 생닭 구매 가격이 마리당 30만~40만 원에 달할 정도의 고급 식재료이다. 프랑스 음식의 혁신. 누벨 퀴진(Nouvelle Cuisine)을 주창한 대가 폴 보퀴즈(Paul Bocuse)가 가장 사랑한 닭으로 알려져 있다.

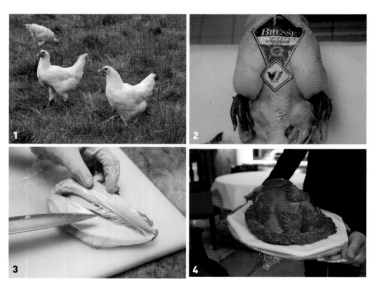

1 방목 중인 브레스 토종닭
2 한 마리마다 각각 라벨링 작업을 하여 판매되는 닭
3 브레스 토종닭의 실키한 육질
4 조르주 블랑(Georges Blanc)의 소금 크러스트 브레스 닭요리

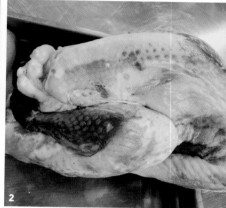

1 드롬 뿔닭
2 육색이 일반 닭보다 좀 더 짙은 뿔닭
3 전기구이 중인 뿔닭

프랑스 : 드롬(Drôme) 뿔닭

드롬(Drôme) 지역은 프랑스의 남동부 알프스 산맥으로 들어가는 초입에 위치해 있다. 이 지역에는 아프리카 원산인 뿔닭이 언제부터인가 들어와서 자생하고 있는데 그 설이 여러 가지다. 전설에 의하면 BC 218년 북아프리카 카르타고(Carthago)의 한니발 장군이 로마 원정 때 병참 물자로 이 뿔닭을 유럽 땅으로 가지고 들어간 것이 그 기원이라고 한다. 알프스 초입에서 수많은 탈영병과 함께 뿔닭이 도망 나왔다는 설이 있다(믿거나 말거나). 닭의 학명은 Gallus gallus domesticus이고 이 뿔닭의 학명은 Numida meleagris로 엄밀히 말해 이 뿔닭은 닭이 아니다. 우리말로는 호로새라 불리며 칠면조와 꿩, 닭 그 사이의 어디쯤에 해당되는 가금류다. 화려한 외관과는 달리 도축하면 모양이 닭과 매우 흡사하며 다만 육색이 좀 더 짙고 육향에 야생 동물의 향이 살짝 돈다. 드롬 뿔닭 역시 반드시 드롬 지역에서 최소 80일 이상을 사육해야 하는 규정을 가지고 있다.

스페인 : 피투 데 칼레야(Pitu de Caleya) 토종닭

스페인 북부 아스투리아스(Asturias) 지역의 토종닭. 피투(Pitu)는 이 지역의 사투리로 '닭'이라는 뜻이며, 칼레야(Caleya)는 '길거리'라는 의미의 사투리다. 즉, 이 닭은 길거리에 내놓고 기르는 토종닭이라는 의미로 브레스 토종닭과 마찬가지로 역시 방목을 원칙으로 한다. 온 몸에 흰색, 검은색의 점박이가 들어가 있는 깃털이 특징이다. 비가 자주오고 질은 지형 덕에 발이 두껍고 굳세며, 다리가 길고 키가 매우 큰 야생성이 강한 닭이다. 이 피투 데 칼레야는 많이 뛰어다닌 닭일수록 더 고급으로 여기는 경향이 있다. 그래서 철로변에 놓아 기른 피투 데 칼레야를 고급으로 친다. 달려오는 기차를 피해 많이 달리기 때문이라고. 오래 방목해 기른 피투 데 칼레야를 도축해 해체해보면 육색이 마치 쇠고기처럼 적색을 가지고 있고 강한 육향이 그 특징이다. 이 지역에서는 오래 길러 큰 닭을 선호하며 도축 후 중량 5kg 이상의 닭을 선호한다. 이 닭으로 요리할 때는 오랫동안 브레이징 하면서 뭉근하게 익혀 먹는 귀사도(Guisado) 방식의 요리를 선호한다.

1 피투 데 칼레야
2 도축 후 중량 5.3kg의 피투 데 칼레야
3 요리 준비 중인 피투 데 칼레야의 붉은 육색
4 피투 데 칼레야 귀사도

일본 : 나고야 토종닭(名古屋コーチン : 나고야 코친)

일본은 각 지역의 토종닭을 지도리(地鷄)라고 부른다. 일본에서는 각 지역에 토착화된 다양한 지도리 품종이 있다. 그중 가장 유명한 품종이 바로 나고야 지역의 지도리인 나고야 코친이다. 나고야 코친은 나고야 지역에서 다양한 요리의 고급 식재료로 활용되는데, 예컨대 일반 육계로 만든 야키토리와 나고야 코친으로 만든 야키토리는 그 가격의 차이가 두 배에 달한다. 나고야 코친은 염통, 간, 모래주머니 등의 내장까지 각각 다른 부위로 분류해 다양한 야키토리의 재료로 사용한다. 일본에서는 스키야키의 주재료로 흔히 쇠고기를 쓰지만, 나고야 지역에서는 나고야 코친을 주재료로 한 스키야키가 이 지역의 명물 요리로 자리 잡고 있다.

1 나고야 코친

2, 3 나고야 코친의 다양한 부위로 만든 야키토리

유린기

유린기는 아삭한 식감을 가진 양상추와 어린잎
위에 새콤달콤한 소스를 버무려 먹는 요리입니다.
자유롭게 뛰어다닌 토종닭의 다리 살 부위로 만든
유린기 레시피를 소개합니다.

오향장기

간장에 조린 닭고기를 채소와 함께 나오는 소스와 찍어 먹는
중국요리인 오향장기 레시피를 소개합니다. 고수의 향을 입어
담백하면서도 깔끔한 맛을 느낄 수 있습니다.

유린기

주재료	다리 살 300g
부재료	튀김반죽(전분 300g, 달걀 흰자 1개분, 물 250ml), 소금, 백후춧가루, 술(소흥주 또는 정종) 1Ts,
	양상추(2줌 =100g), 어린잎 10g, 청양고추 1개, 홍고추 1개, 고수 1줄기, 대파 흰부분(2cm), 마늘 1쪽, 생강 1g
유린기소스	180ml(백설탕, 양조식초, 생추간장, 닭육수 1 : 1 : 1.8 : 2 비율)

recipe

1 그릇에 전분이 잠길 정도로 물을 넣고 30분 정도 방치한 후에 물을 따라 버린다.

2 남아있는 전분에 달걀 흰자를 풀어 손으로 주먹을 쥐었을 때 살짝 잡히는 정도의 점도를 맞추고 물을 섞어서 튀김 반죽을 만든다(1시간 이상 두어야 전분이 가라앉아 튀김으로 사용 가능).

3 청양고추, 홍고추, 고수, 대파, 마늘, 생강을 다진 뒤 설탕, 식초, 간장, 닭육수를 넣고 잘 저어서 유린기소스를 만든다.

4 다리 살을 칼로 얇게 편 뒤에 소금, 백후춧가루, 술로 밑간을 한다.

5 튀김 반죽물에 다리 살을 넣고 섞어서 들었을 때 천천히 떨어지는 정도의 점도가 되면 튀김 반죽을 입히고 170℃ 식용유에 튀긴다.

6 양상추와 어린잎은 먹기 좋게 잘라 씻어 물을 털어 낸 뒤 접시에 담는다.

7 다리 살이 다 튀겨지면 손가락 한 마디 정도로 잘라 양상추와 어린잎 위에 올리고 유린기소스를 골고루 뿌려준다.

오향장기

주재료	토종닭 1마리
부재료	대파 1단, 생강 3쪽, 마늘 3쪽, 한천 5g, 설탕 40g, 생추간장 125ml, 노두유 50ml, 양조간장 50ml, 팔각 2개, 오향분 ⅓Ts,
	통계피 1개, 건다시마 1개, 동고버섯 1개, 가쓰오부시 10g, 닭육수 1250ml, 고수 3줄기, 취청오이 1개, 겨자소스, 고추기름
간장마늘소스	양조간장, 마늘소스 1 : 2 비율
	(마늘소스 : 물 300ml, 소금 30g, 식초 220ml, 간 마늘 70g, 설탕 140g)

recipe

1 찬물에 토종닭, 마늘, 대파 ½단, 생강을 넣고 1시간 정도 끓인다.

2 그릇에 대파 ½단, 생강, 한천, 설탕, 생추간장, 노두유, 양조간장, 팔각, 오향분, 통계피, 건다시마, 동고버섯, 가쓰오부시, 닭육수를 넣는다.

3 삶은 토종닭을 반으로 갈라서 뚜껑을 덮고 랩(키친 호일)으로 감싼 뒤 찜기에 넣고 1시간 동안 찐다.

4 삶은 토종닭은 건져서 식혀 두고, 소스는 걸러서 따로 담아 식혀준다.

5 취청오이를 길게 4등분 하고 씨를 제거한 후 1cm 간격으로 잘라 간장마늘소스에 5분 이상 담가둔다.

6 토종닭이 식으면 살만 따로 발라내어 고수, 취청오이, 간장마늘소스와 함께 버무린다(겨자소스는 취향에 따라 뿌려준다).

7 접시에 취청오이와 고수를 담고, 그 위에 양념된 토종닭을 얹는다.

8 대파를 채 썰어 토종닭 위에 고명으로 얹고 고추기름을 뿌린다.

닭고기 볶음밥

코 끝을 스치는 맛있는 향, 그릇 가득 풍성한 스크램블, 간단한 재료로
빠르고 쉽게 만들 수 있는 닭고기 볶음밥 레시피를 소개합니다.

깐풍기

얇은 반죽, 바삭하게 튀긴 닭고기에 매콤한
소스를 끼얹어 먹는 요리, 깐풍기 레시피를
소개합니다. 맛있게 매운 고추기름은 재료와
어우러져 고급스러운 맛을 낸답니다. _by 문차이나

닭고기볶음밥

주재료   다리 살 100g, 된밥 250g
부재료   양상추 40g, 대파 흰부분(10cm), 달걀 물 120g, 액상치킨 스톡 1Ts, 굴소스 ½Ts, 식용유, 소금

recipe

1 식용유를 넉넉히 두른 팬에 다리 살을 잘게 잘라 넣고 낮은 온도에서 익힌다.

2 다른 팬을 달구어 식용유를 넣고 달걀 물로 스크램블을 만든다.

3 된 밥을 넣고 스크램블과 잘 섞어준 뒤 양상추와 다진 대파를 넣고 센 불에 볶는다.

4 소금과 액상치킨 스톡, 굴소스로 간을 한다.

깐풍기

주재료   다리 살 300g
부재료   튀김반죽(전분 300g, 달걀 흰자 1개분, 물 250ml), 소금, 백후춧가루, 술(소흥주 또는 정종) 1Ts, 어린잎 10g
                 청피망 ⅓개, 홍파프리카 ⅓개, 대파 흰부분(2cm), 다진 마늘 5g, 다진 생강 1g, 건고추 6개, 식용유 2Ts, 고추기름 1Ts,
                 후춧가루
소스재료   깐풍소스 100ml(백설탕, 양조식초, 생추간장, 닭육수 1 : 1 : 1.8 : 2 비율)

recipe

1 그릇에 전분이 잠길 정도로 물을 넣고 30분 정도 방치한 후에 물을 따라 버린다.

2 남아있는 전분에 달걀 흰자를 풀어 손으로 주먹을 쥐었을 때 살짝 잡히는 정도의 점도를 맞추고 물을 섞어서 튀김 반죽을 만든다(1시간 이상 두어야 전분이 가라앉아 튀김으로 사용 가능).

3 백설탕, 양조식초, 생추간장, 닭육수 1 : 1 : 1.8 : 2 비율로 섞어 깐풍소스를 만든다.

4 다리 살을 한 입 크기로 자른 후 소금, 백후춧가루, 술로 밑간을 한다.

5 튀김 반죽 물에 다리 살을 넣고 섞어서 들었을 때 천천히 떨어지는 정도의 점도가 되면 튀김 반죽을 입히고 170℃의 식용유에 튀긴다.

6 식용유에 건고추를 넣고 매운맛을 내준 뒤 청피망과 홍파프리카, 대파, 마늘, 생강을 모두 다진 후에 후추와 같이 넣고 볶다가 술을 넣어준다.

7 술이 날아가면 깐풍소스와 튀긴 다리 살을 넣고 중불에 볶은 뒤 고추기름으로 마무리한다.

일본식 가라아게 からあげ

가라아게는 일본 드라마나 영화에서 선술집 배경에 자주 등장하는 친숙한 메뉴 중 하나입니다. 쫄깃한 토종닭을 한 입 크기로 집어먹기 좋도록 작게 조각내어 만든 튀김요리랍니다.

주재료
다리 살 300g

부재료
녹말가루, 식용유 2컵 정도, 레몬

양념재료
다진 생강 ½ts, 다진 마늘 1ts, 진간장 1Ts, 미림 1Ts, 청주 1Ts, 달걀 흰자 1개분, 소금, 후춧가루

recipe

1 다리 살은 3 cm 정도로 자른다. 껍질은 기호에 따라 제거한다.
2 볼에 숙성 양념 재료, 살짝 거품을 낸 달걀 흰자를 넣고 잘 섞는다. 다리 살을 넣어 손으로 버무리고 10분 정도 재운다.
3 볼에 녹말가루를 붓고 다리 살을 하나씩 골고루 묻혀서 170℃로 가열한 식용유 속에 넣고 3분간 튀긴다.
4 익힌 다리 살은 한번 건져내고 5분간 휴지 후 다시 180℃의 온도로 30초간 튀긴다.

오야코돈 親子丼

닭과 달걀을 양념에 조린 대표적인 덮밥 요리 오야코돈. 오야코돈은 닭과 달걀을 부모와 자식에
비유해 붙여진 이름이라고 해요. 따뜻한 아와세지(양념장)가 밥에 배서 더 맛있답니다.

주재료
다리 살 400g(3장정도)

부재료
달걀 8개, 쪽파 ⅓단, 밥 4공기,
산초 가루 약간

양념재료(아와세지)
다시140ml, 미림100ml, 간장60ml

recipe

1 쪽파는 3cm길이로 썰고 다리 살은 먹기 좋은 크기로 자른다.

2 달걀은 1인당 2개씩 풀어 놓는다.

3 냄비에 아와세지를 넣고 끓기 시작하면 토종닭을 넣는다.

4 중간 불로 4분 정도 끓이다가 쪽파를 넣고 한소끔 끓인다.

5 작은 냄비에 1인분씩 옮겨 담아 달걀을 넣고 뚜껑을 덮는다.

6 달걀이 반숙 상태가 되면 밥 위에 얹고 산초 가루를 뿌린다.

일본풍 치킨카레

일본풍 치킨카레 チキンカレー

일본풍 치킨카레는 별다른 찬 없이 한 그릇 요리로 즐길 수 있는 메뉴입니다. 바나나와 사과를 갈아 넣어 자연의 단맛을 더했습니다.

주재료
다리 살 500g

부재료
피망 5개, 양파 1개, 소금,
돈까스소스

카레소스 재료
마늘 4쪽, 생강 4쪽, 양파 1½개, 토마토 50g, 바나나 1개, 사과 1개, 카레가루 40g, 올리브유 150ml, 밀가루 150g, 닭육수 2L

recipe

1 카레소스의 양파, 마늘, 생강, 토마토, 바나나는 잘게 다지고 사과는 강판으로 갈아준다. 부재료의 양파는 슬라이스해서 준비한다.

2 냄비에 올리브유를 넣고 마늘, 양파, 생강 순으로 볶은 다음 카레와 밀가루를 넣어 한번 더 볶아 주고, 치킨 스톡을 넣는다. 재료가 타지 않도록 주의하면서 치킨 스톡을 넣고 잘 섞는다.

3 약한 불로 30분간 조리고, 토마토, 바나나, 사과를 넣고 10분간 더 졸여 카레소스를 만든다.

4 다리 살은 먹기 좋게 잘라 소금, 후춧가루로 밑간을 하고, 밀가루와 카레가루를 묻혀 팬에서 겉만 노릇하게 굽는다.

5 다리 살은 건져내고, 양파와 피망을 강불로 살짝 볶는다.

6 다른 냄비에 다리 살, 양파, 피망을 넣고 치킨 스톡을 잠길 정도 붓고 10분간 중불에 끓인다.

7 그릇에 다리 살을 옮겨 담은 뒤 카레소스를 적당히 두르고, 소금과 돈까스소스로 간한다.

2인분

치킨까스

손질된 토종닭을 이용해 겉은 바삭하고 속은 부드러운 치킨까스를 집에서도 쉽게 만들 수 있어요.
집에서 직접 만들어 더욱 안심되는 치킨까스! 우리 가족을 위해 한번 만들어보시면 좋을 것 같습니다.
__by 김선영

주재료
손질된 구이용 토종닭 1팩

부재료
우유(냄새제거용), 파슬리 가루,
돈까스소스

양념재료
달걀 2개, 밀가루, 빵가루, 허브솔트

recipe

1 손질된 구이용 토종닭은 잡내 제거를 위해 우유에 20~30분 담가준다.
2 잠시 후 키친타월로 물기를 제거하고 허브솔트를 뿌려준다.
3 부드러운 식감을 위해 칼로 여러 번 두드려준다.
4 달걀물을 풀어 준비한다.
5 밀가루를 앞뒤로 골고루 묻혀준 다음 달걀물, 빵가루 순으로 묻혀준다.
6 달궈진 팬에 식용유를 넉넉히 두르고 튀겨준다.
7 한 김 식힌 뒤 먹기 좋게 썰어서 돈까스소스와 곁들여 낸다.

간장양념 통살 닭구이

토종닭과 함께 졸인 간장소스는 밥과 비벼 먹기 좋은 양념장이 됩니다. 적양파는 얇게 채 썰어 찬물에
담갔다가 물기를 빼고 곁들이세요. 닭고기와 양파를 먹으면 아삭한 식감이 더해져 맛이 풍부해집니다.
_by 김경은

주재료
닭고기 1팩(350g)

부재료
청주 1Ts, 적양파 ½개, 쪽파 약간,
식용유, 소금, 후춧가루

양념재료
간장 ¼컵, 설탕 1Ts, 맛술 2Ts, 물 ¼컵

recipe

1 토종닭은 소금, 후춧가루, 청주를 넣고 30분간 재운다.
2 프라이팬에 식용유를 두르고 센 불에 노릇하게 굽는다.
3 중약 불로 줄이고 속을 익힌다.
4 익은 토종닭을 프라이팬에서 빼고 기름을 닦는다.
5 간장양념을 프라이팬에 끓인다.
6 끓기 시작하면 토종닭을 넣어 양념이 되직해질 때까지 익힌다.
7 적양파를 얇게 채 썰어 찬물에 담가 매운맛을 빼고 곁들인다.

크림카레찜닭

간단한 레시피를 통해서 토종닭을 보다 색다르게 먹을 수 있도록 만든 찜닭 요리입니다. 부드럽고
달콤한 크림과, 언제 어디서든 쉽게 즐길 수 있는 카레를 활용하여 남녀노소 누구나 즐길 수 있습니다.
__by 손혜진, 이지예, 이혜지

주재료
토종닭(닭볶음탕용), 우유
닭육수 2컵, 물 2컵

부재료
양파 2개, 마늘 2쪽, 우동사리 1개,
새송이버섯 2개, 브로콜리 ½개,
베이컨 2장, 버터 1Ts,
파르메산 치즈가루 2Ts

양념재료
휘핑크림(생크림), 고체카레 2조각,
통후추, 소금, 후춧가루

recipe

1 양파, 버섯, 브로콜리는 한 입 크기로 썰어준다.

2 마늘은 편으로 썰어준다.

3 토종닭은 담백한 맛을 즐기기 위해 껍질을 깨끗이 제거한 후, 우유와
통후추를 넣어 10분 동안 중불로 끓여준다.

4 버터를 두른 팬에 마늘을 볶은 후, 채소와 베이컨을 함께 볶아준다.

5 양파가 노랗게 익으면 고체 카레를 넣어서 함께 볶아준다.

6 적당히 삶아진 토종닭은 우유, 육수 두 컵, 물 두 컵과 함께 볶아진
카레에 넣어준다.

7 소금과 후춧가루를 넣어서 간을 맞춰준다.

8 토종닭에 양념이 스며들도록 30분간 더 끓여준다.

9 끓을 동안 우동사리를 데쳐준다.

10 데친 우동사리를 양념이 스며든 토종닭과 함께 5분 동안 더 끓여준다.

11 파르메산 치즈가루를 넣어서 마무리한다.

토종닭 대추 솥밥

토종닭의 잡내를 잡고 남녀노소 좋아하는 대추의 향으로 솥밥의 맛을 풍성하게 만들고자 했습니다.
간단한 식사는 물론 집들이 등 손님 초대에도 손색이 없는 메인 요리가 될 수 있습니다.__by 박정민

주재료
토종닭 1마리(4인기준), 쌀 2공기

부재료
씨를 뺀 대추 10알,
껍질을 깐 통마늘 5알

양념재료
소금, 통후추

recipe

1   토종닭은 4등분을 하여 흐르는 물에 헹궈 물기를 빼놓는다.

2   대추는 잘 닦은 다음 씨를 뺀다.

3   마늘은 껍질을 깐다.

4   압력솥에 토종닭과 대추, 마늘, 불린 쌀 2컵을 놓고 20분 정도 끓인다.

5   잠시 김을 식힌 후 소금과 통후추로 간을 하여 먹는다.

토종닭 육전

저렴하지만 충분히 담백한 맛을 느낄 수 있는, 토종닭 육전을 준비했습니다. 저렴한 가격에 매우 간단한 방법으로
손님 대접까지 가능한 술안주인 닭 육전, 아마 자꾸자꾸 그 매력에 빠져들 것이라고 확신합니다!__by 신서하

주재료
뼈 없는 토종닭 350g

부재료
달걀 2개, 당근 ⅓개,
파 초록부분 2cm, 밀가루 30g

양념재료
아보카도 오일, 소금

recipe

1 당근과 파를 잘게 다진다.

2 달걀을 풀고 다진 당근과 파, 소금을 넣고 섞어준다.

3 뼈 없는 토종닭을 씻어 껍질을 제거하고 체에 받쳐 물기를 빼준다.

4 한 입 크기로 자른 뒤에 육질이 연해지도록 두들겨 준다.

5 토종닭에 소금 간을 하고 밀가루 옷을 입힌다.

6 팬을 달군 후에 아보카도 오일을 두르고 계란 옷을 입힌 닭을 올려
노릇하게 굽는다.

5

위대^{胃大}한 계^鷄발자 팀이 탐사한
한국의 숨겨진 대표 토종닭 식당

전남 광양 〈지곡 산장〉

전라도식 토종닭 숯불구이의 끝판왕. 토종닭을 당일 도축하고 부위별로 먹기 좋게 잘라 소금, 후춧가루, 설탕, 다진 마늘, 참기름으로 아주 살짝 양념해서 석쇠에 올려 구워 먹는다. 각 부위를 제대로 즐

1 지곡 산장 상차림
2 전라도식 토종닭 숯불구이의 매력은 도톰한 껍질
3 소금구이

길 수 있게 부위별로 다르게 정육해서
낸다. 양념하지 않고 굵은 소금만 뿌려
먹는 소금구이도 일품이다. 토종닭의 도
톰하고 쫄깃한 껍질을 가장 제대로 즐
길 수 있는 방법이다. 동시에 다양한 토
종닭의 내장 부위와 곱창도 함께 구워
먹을 수 있다.

전남 해남 〈장수 통닭〉

해남식 토종닭 주물럭 전문. 일단 들어가면 귀한 토종
닭 특수 부위 육회를 맛볼 수 있다. 큰 토종닭 한 마리
의 일부를 정육한 주물럭을 불판에 구워 먹는다. 매콤
하면서 단맛은 많지 않은 맛 천재 전라도 사람들의 특
제 주물럭 양념이다. 주물럭하고 남은 부위는 다시 삶
아서 백숙으로, 그리고 최종은 오래 고아낸 탕으로 마
무리한다. 닭 한 마리를 처음부터 끝까지 코스로 먹는
진귀한 경험이다.

1 장수 통닭의 웰컴 토종닭 육회
2 전라도식 토종닭 주물럭

107

3 토종닭 백숙

제주 교래리 〈토종닭 특구〉

제주도는 흑돼지도 유명하고 회도 유명하
지만 교래리를 가면 토종닭 특구를 만날
수 있다. 이 특구에 있는 모든 식당에서는
토종닭 요리를 제공하고. 특히 담백한 토
종닭 샤브샤브가 제주 교래리 토종닭 특
구의 별미다. 얇게 저민 토종닭의 살을 육
수에 살짝 넣어 데쳐 먹으면 그 맛이 일품
이다. 물론 닭볶음탕을 포함해 다양한 토
종닭 메뉴를 제주 교래리 토종닭 특구에
서 만날 수 있다.

1, 2 제주 교래리 토종닭 특구 샤브샤브
3 닭볶음탕

위대한 계발자 팀이 탐사한 한국의 숨겨진 대표 토종닭 식당

위대한 계발자 팀이 탐사한 한국의 숨겨진 대표 토종닭 식당

○ **토종닭 레시피 개발에 도움을 주신 셰프님들**

박종숙 원장님

김욱성 셰프님

최현정 셰프님

신민섭 셰프님

장준우 셰프님

나카가와 히데코 선생님

○ **토종닭 레시피 개발에 도움을 주신 블로거님들**

- 김선영 님 / 뿌유TV / https://tv.naver.com/ppoyou
- 김경은님 / 술짠의 요리반주 생활 / https://tv.naver.com/sooljjan
- 손혜진 님, 이지예 님, 이혜지 님 / 리얼선 랜드 https://blog.naver.com/sonhaejin199
- 박정민 님 / 곰스타 / https://blog.naver.com/kkomty
- 신서하 님 / 우주꼬맹이효도관광 / https://blog.naver.com/giveblankcheck

○ 토닭토닭 식당

셰프님들이 제안하는 다양한 토종닭 레시피 영상 시리즈 '토닭토닭 식당'은 네이버 TV 채널 '토닭토닭 식당' (https://tv.naver.com/gspchicken), 유튜브 채널 '토닭토닭 식당'에서 볼 수 있습니다.

시즌 1 서유리의 토닭토닭 식당

시즌 2 최현정 셰프의 토닭토닭 식당

○ 위대(胃大)한 계(鷄)발자

본격 토종닭 다큐. 장준우 셰프, 신민섭 셰프가 길잡이 문정훈 교수와 함께 떠나는 토종닭 기행. 우리나라, 프랑스, 스페인, 일본의 다양한 토종닭과 요리에 대한 모든 것을 보여주는 세 남자의 흥미진진한 위대(胃大)한 탐사와 레시피 개발의 과정은 유튜브에서 볼 수 있습니다.

QR 코드를 인식하면
더 많은 영상을
볼 수 있습니다.